콘크리트 실무메뉴얼 KCI PM1009.1-23

RC기둥-강재보 합성접합부의 해석 및 설계

합성구조위원회

사단법인 한국콘크리트학회
Korea Concrete Institute

발간사

RC기둥-강재보 합성접합부(RCS접합부)는 철근콘크리트기둥과 강재보로 구성된 접합부로써, RC기둥의 우수한 강성 및 경제성 그리고 강재보의 우수한 에너지소산능력 및 장경간 구현성 등으로 인해 1970년대부터 미국과 일본을 중심으로 활발히 적용되고 있는 공법입니다.

국내에서는 1990년대부터 본격적으로 관련 연구가 시작되었고, 현재 반도체공장 등 하이테크빌딩 등을 중심으로 활발히 적용되고 있는 공법입니다. 그동안에는 주로 미국 및 일본 등 해외의 지침을 참고하여 RCS접합부의 설계 및 시공이 이루어졌으나, 해외지침은 중강진지역에 대한 복잡한 상세를 요구하는 등 국내의 실정에 맞지 않고 최근의 연구결과 및 시공상세 등이 반영되어 있지 않아 실무적으로 상당한 애로가 있었습니다,

이에 우리 학회에서는 현장의 애로사항을 해결하고 RCS접합부의 활용도를 높이는데 이바지하고자, 2021년부터 합성구조위원회를 중심으로 RCS접합부에 대한 해석 및 설계연구를 수행하였으며, 이를 바탕으로 『RC기둥-강재보 합성접합부의 해석 및 설계』 실무매뉴얼을 신규 편찬하였습니다. 특히 이 실무매뉴얼에서는 설계지침뿐만 아니라 해설과 설계예제도 추가적으로 제공하여, 현장에서 적극 활용될 수 있도록 구성하였습니다.

이번 『RC기둥-강재보 합성접합부의 해석 및 설계』 실무매뉴얼 편찬을 위해 수고해 주신 집필진 여러분께 깊은 감사를 드리며, 아울러 적극적으로 자료 및 의견을 제공해 주신 산업체 및 연구기관 담당자들께도 감사의 말씀을 전합니다.

2023. 4.

한국콘크리트학회 회장 김지상

머리말

RC기둥-강재보 합성접합부(RCS접합부)는 RC기둥과 강재보로 구성된 복합구조의 합성접합부로써, 이러한 복합구조는 순수 RC모멘트골조나 철골모멘트골조에 비해 구조적으로 최적화되었을 뿐만 아니라 경제성 및 공기 측면에서도 유리한 것으로 알려져 있습니다.

미국에서는 1970년대 후반부터 중층 및 고층의 철골모멘트골조에 대하여 과도하게 커지는 강재기둥을 RC기둥으로 대체할 목적으로 연구가 시작된 반면, 일본에서는 1980년대 초반부터 강진지역에 위치한 저층의 RC모멘트골조에 대하여 장경간보를 활용할 목적으로 연구가 시작되었습니다. 국내에서는 1990년대 후반부터 삼성물산, 현대산업개발, 쌍용건설 등을 중심으로 연구가 시작되었습니다. 국내의 경우에도 일본과 유사하게 중층 이하의 장경간 구조물을 대상으로 하였지만, 국내실정에 맞도록 중진지역을 대상으로 상세를 간소화함으로써 경제성 및 시공성을 확보하는 방향으로 독자적 연구가 진행되었습니다. 하지만 현행 설계기준 및 표준시방서에는 RCS접합부의 설계 및 시공에 대한 구체적인 내용이 부족하기 때문에, 실무에서는 여전히 해외의 지침 및 자료를 참고하고 있는 실정입니다.

이에 우리 합성구조위원회에서는 2021년 실무매뉴얼편찬특별위원회의 지원을 받아 RCS접합부에 대한 해석 및 설계연구를 수행하였습니다. 이 기간동안 기본적인 파괴모드 및 하중저항기구를 규명하여 설계식의 원형을 정립한 초기의 연구결과 뿐만 아니라 다양한 보강요소 및 재료강도를 적용한 최근의 연구결과까지 광범위하게 조사 및 분석하였으며, 이를 바탕으로 『RC기둥-강재보 합성접합부의 해석 및 설계』 실무매뉴얼을 신규 편찬하였습니다. 특히 이 실무매뉴얼에서는 각 보강요소의 상세에 따른 설계강도를 제공함으로써 보강요소를 설계자가 선택할 수 있도록 구성하였으며, 비선형해석을 위한 접합부 모델링도 제공하여 성능기반설계에도 활용가능하도록 구성하였습니다. 더불어 그림을 포함한 자세한 해설을 제공하고 다양한 설계예제도 제공함으로써 실무에 적극 활용될 수 있도록 구성하였습니다.

이러한 집필진의 노력이 RCS접합부의 현장활용 촉진 및 관련 기술개발 활성화에 기여할 수 있기를 바라며, 이 실무매뉴얼이 현장 실무자들에게 실질적인 도움이 되기를 바랍니다. 마지막으로 많은 시간을 공유하며 고민을 함께한 집필위원 여러분들께 진심으로 감사드립니다.

2023. 4.

합성구조위원회 위원장 심창수

제출문

한국콘크리트학회 실무매뉴얼편찬특별위원회 / 연구위원회 위원장 귀하

이 보고서를 2021년 한국콘크리트학회 실무매뉴얼 편찬사업 중 "RC기둥-강재보 합성접합부의 해석 및 설계"에 대한 신규 실무매뉴얼로 제출합니다(총 집필기간: 2021. 04. 01. ~ 2021. 12. 31).

2023. 4

한국콘크리트학회 합성구조위원회

집필위원

위 원 장	박홍근(서울대학교 건축학과 교수)
위 원	문정호(한남대학교 토목건축공학부 교수) 김창수(서울과학기술대학교 건축학부 교수) 황현종(건국대학교 건축학부 교수) 이호준(포스코 기술연구원 철강솔루션연구소 수석연구원) 이은진(소나무구조안전건축사사무소 소장)
자 문 위 원	신영수(이화여자대학교 미래사회공학부 건축도시시스템공학전공 명예교수) 유영기(삼성물산 건설부문 공법기술팀 수석)

차 례

I

실무매뉴얼의 배경 및 개요

1 RC기둥-강재보 합성접합부(RCS접합부)

(1) 정의: RCS접합부는 철근콘크리트(RC)기둥과 강재(S)보로 구성된 복합(Hybrid) 구조의 합성(Composite)접합부를 일컫는다([그림 1] 참조).

그림 1. RCS접합부(삼성물산 및 서울대학교 2015)

(2) 장단점

① RCS접합부는 RC기둥의 우수한 강성과 경제성, 강재보의 우수한 연성능력, 에너지소산능력 및 시공성을 동시에 발휘할 수 있는 복합(Hybrid)구조용 합성(Composite)접합부이다.

• RC기둥: 압축력에 효과적이고, 우수한 강성으로 인해 변형 및 진동에 유리하다.

• 강재보: 휨과 전단에 효과적이고 에너지소산능력이 우수하며, 경량이다.

② RC기둥과 강재보로 구성된 복합구조는 순수 철골모멘트골조나 RC모멘트골조에 비하여 구조적으로 최적화된 공법으로써, 비용 및 공기 측면에서도 유리하다([표 1] 참조).

표 1. 접합부 공법 비교(삼성물산 2000)

구분	RC접합부	철골접합부	RCS접합부
경간	7~10 m	10~15 m	7~15 m
제작성	현장제작	공장제작+현장조립	공장제작+현장조립
시공성	재래식(습식)	기계화(건식)	기계화(건식+습식)
가설작업	많음	적음	적음
인건비	높음	낮음	낮음

③ 다만 보-기둥 접합부에 복합구조가 적용되므로, 상세가 복잡한 경우 설계 및 시공이 어려워질 수 있다.

(3) 국내외 연구 및 개발 현황

① 1970년대 후반부터 다양한 상세를 가진 다양한 규모의 RCS 복합골조에 대하여 광범위한 실험적·해석적 연구가 이루어져 왔으며, 힘의 전달기구 규명, 상세별 강도설계식 개선, 내진설계 및 해석 등을 위해 현재까지도 활발히 연구가 진행 중이다.

② 국외(ASCE, 1994; Deierlein and Noguchi, 2004; Nishiyama et al., 2004; Cordova and Deierlein, 2005; Li et al., 2011; Kathuria et al., 2015)

• 미국

- 1970년대 후반부터, 중층 및 고층의 철골모멘트골조에 대하여 과도하게 커지는 강재기둥을 RC기둥으로 대체할 목적으로 연구가 시작되었다.
- 축력(강도)과 변형(강성)에 효과적인 RC기둥을 활용함으로써, 고층빌딩의 강도 및 강성요구를 만족하면서 경제성도 확보가능하다.

• 일본

– 1980년대 초반부터, 강진지역에 위치한 저층의 RC모멘트골조에 대하여 장경간보를 활용할 목적으로 연구가 시작되었다.

– 장경간으로 인해 서비스면적을 극대화할 수 있으며, 추가적으로 슬래브와 강재보의 합성을 통해 기존의 RC보에 비해 보의 춤과 무게를 크게 줄임으로써 기초설계 측면에서도 원가절감이 가능하다.

– SRC와 같은 합성구조의 인기와 더불어 RCS접합부의 활용도 크게 증가하였다(시공 시 SRC기둥 내의 강재를 세움기둥으로 활용).

– 강진지역에 적용할 목적으로 개발되었으므로 내진상세 개발이 주요 목표였으며, 이에 따라 미국에 비해 강접을 구현하기 위해 접합부 상세가 복잡하고 시공성이 다소 떨어지는 편이다.

• 미국 & 일본

– 1993.04부터 1998.03까지 5년간 "U.S. - Japan Cooperative Earthquake Research Program on Composite and Hybrid Structures"의 협동연구를 수행하였다.

– G. Deierlein과 H. Noguchi를 공동의장으로 한 분과위원회에서 "The Seismic Design of Composite Reinforced Concrete and Steel Moment Frame Structures"의 이름으로 RCS접합부에 대한 협동연구가 수행되었다.

– 이를 통해 복합구조의 해석 및 설계분야에서 높은 기술력을 확보하였다.

③ 국내(삼성물산 및 서울대학교 2015)

• 1990년대 후반부터 삼성물산, 현대산업개발, 쌍용건설 등을 중심으로 국내실정에 맞는 상세를 갖춘 RCS접합부에 대하여 연구가 수행되었다.

• 일본의 연구방향과 유사하게 중층이하의 장경간 구조물을 대상으로 하였지만, 국내실정에 맞도록 중진지역을 대상으로 상세를 간소화함으로써 경제성 및 시공성을 확보하였다.

2 국내 RCS접합부 실무설계 현황

(1) 국내 현장적용 현황

① RC기둥의 우수한 강성 및 감쇠, 그리고 강재보의 우수한 에너지소산능력 및 장경간 구현성 등으로 인해, 국내에서도 하이테크빌딩 등을 중심으로 활발히 연구개발 및 현장적용 중이다.

(2) 국내 실무설계 실정

① 현재 국내에는 RCS접합부에 대한 실무매뉴얼은 부재하며 국내외 설계기준은 원론적인 내용만 제공하고 있어(부록 1 참조), 통상적으로 ASCE(1994) 및 AIJ(Nishiyama et al., 2004) 등의 해외설계지침을 참고하고 있다. 그러나 해당 설계지침이 중강진지역에 대한 복잡한 상세를 요구하는 등 국내실정에 맞지 않고 최근의 연구결과 및 시공상세 등이 반영되어 있지 않아 실무설계 및 현장적용에 있어 어려움이 있다.

② 이에 국내 실무설계에서는 해외지침에 근거하여 보수적으로 강도설계 및 상세설계를 수행하거나, 별도의 연구용역 및 내부지침을 통해 자체설계가 이루어지고 있는 실정이다.

3 실무매뉴얼의 목적 및 구성

(1) 성능기반설계

① 성능기반설계 구현: 해외설계지침에서는 RCS접합부의 성능을 우선 평가하고 이 성능이 구현될 수 있도록 각 보강요소의 요구상세를 제시하였으나, 이 실무매뉴얼에서는 역으로 각 보강요소의 상세에 따라 RCS접합부의 성능을 결정할 수 있도록 각 하중저항기구 기여도의 최댓값을 해당 하중저항기구와 관련된 보강요소 상세의 함수로 규정한다. 또한 비선형해석을 위한 접합부모델링도 제공한다. 이를 통해 RCS접합부의 성능기반설계가 가능하다.

② 적용범위 확대: RCS접합부의 기본적인 파괴모드 및 하중저항기구를 규명하고 설계식의 원형을 정립한 초기 연구결과뿐만 아니라, 다양한 보강요소 및 재료

강도를 적용한 최근의 연구결과까지 반영하여 실무매뉴얼의 적용범위를 확대한다.

(2) 실무설계

① 다양한 상세 및 간편한 설계: RCS접합부는 다양한 보강요소 및 이에 따른 복잡한 거동특성상 강도설계 및 상세설계가 단순하지 않다. 이에 이 실무매뉴얼에서는 다양한 상세별 거동특성은 최대한 반영하되, 설계는 최대한 간편하게 수행할 수 있도록 구성한다.

② 지침, 해설, 예제의 구성: 실무매뉴얼의 각 내용별로 그림을 포함한 자세한 지침 및 해설(박스로 구분)을 제공하고, 추가적으로 설계예제를 제공함으로써, 실무설계에 적극 활용될 수 있도록 구성한다.

Ⅱ 접합부 설계지침

1 용어 및 기호의 정의

(1) 용어의 정의

접합부 횡보강근(Joint Hoops, 이하 JH): 강재보 단면깊이 내의 접합부 콘크리트에 횡방향으로 설치된 보강근으로서, 외측패널 콘크리트에 압축장 저항기구를 형성하여 인장저항하고 접합부 콘크리트를 횡구속

기둥부 횡보강근(Column Hoops, 이하 CH): 강재보 상하의 기둥부 콘크리트에 횡방향으로 설치된 보강근으로서, 기둥부 콘크리트를 횡구속하여 강재보의 강체회전에 의해 발생하는 지압에 저항하며, 전단키에 의해 발생하는 수평압축스트럿에 대해 추력에 제공하여 외측패널 콘크리트에 압축장을 형성

표면지압판(Face Bearing Plates, 이하 FBP): 기둥면에 외접하여 강재보 상하 플랜지와 웨브 사이에 용접설치된 판재로서, 강재보 플랜지와 함께 내측패널 콘크리트에 대각압축스트럿 저항기구를 형성하여 수평전단력에 저항하며, 추가적으로 접합부 콘크리트를 횡구속하고 접합부 횡보강근(JH)의 정착성능도 개선

강재띠판(Steel Band Plates, 이하 BP): 강재보 플랜지 상하부에서 기둥을 둘러싸는 판재로서, 직접지압으로 수평방향의 콘크리트 스트럿 저항기구를 형성하고 강재보 플랜지 주위의 기둥부 콘크리트를 횡구속하여 지압성능 개선

확장표면지압판(Extended Face Bearing Plates, 이하 EFBP): 강재보 플랜지 상하부에 용접설치된 판재로서, 외측패널 콘크리트에 압축장 저항기구를 형성하고 강재보 플랜지 주위의 기둥부 콘크리트를 횡구속하여 지압성능 개선

강재덮개판(Steel Cover Plate, 이하 CP): 접합부를 4면에서 둘러싸는 판재로서, 표면지압판(FBP) 및 접합부 횡보강근(JH)을 대체할 수 있으며, 시공 시 접합부 거푸집으로 활용

접합부 수직보강재(Vertical Joint Reinforcement, 이하 VJR): 강재보에서 철근콘크리트기둥으로 수직력을 전달하기 위하여 접합부 내 강재보 플랜지 상하에 직접 부착되어 있는 수직방향 보강재(철근, 강봉, 강재앵글, 머리붙이 스터드 등)로서, 수직지압파괴를 보강

강재기둥(Embedded Steel Column, 이하 SC): 접합부 내의 강재보 플랜지 상하에 용접되어 수평방향의 콘크리트 스트럿 저항기구를 형성하고 세움기둥으로 활용

직교보(Transverse Beam, 이하 TB): 서로 직교하는 강재보가 접합부의 4면에 접하는 경우로서, 접합부 콘크리트에 횡구속효과를 제공하고 직접응력전달기구를 형성

패널전단파괴(Panel Shear Failure): 강재웨브패널과 내측패널의 전단파괴로 구성

수직지압파괴(Vertical Bearing Failure): 강재보의 강체회전(Rigid Body Rotation)에 의해 강재보 플랜지 주위 콘크리트의 압괴로 인한 파괴

강재웨브패널(Steel Web Panel)의 항복: 패널부 전단변형에 의한 강재웨브의 항복

내측패널 콘크리트 대각압축스트럿(Diagonal Compression Strut in Inner Concrete Panel): 표면지압판(FBP) 및 강재보 플랜지에 의해 대각방향의 콘크리트압축스트럿이 발생하고 이와 직각인 방향으로 대각균열이 발생

외측패널 콘크리트 압축장(Compression Field in Outer Concrete Panel): 외측패널 콘크리트에 의한 대각방향 스트럿 및 횡철근에 의한 수평방향 타이 발생

기둥 주철근 부착파괴(Bond Failure of Column Longitudinal Bars): 철근콘크리트기둥 주철근의 슬립에 의한 파괴

(2) 기호의 정의

* 주요 구성요소별로 분류하여 정의함.

f_{ck} : 콘크리트 설계기준압축강도, MPa

b : 철근콘크리트기둥 단면폭(강재보와 수직한 방향의 단면치수), mm

h : 철근콘크리트기둥 단면깊이(강재보와 평행한 방향의 단면치수), mm

f_{yl} : 철근콘크리트기둥 주철근 설계기준항복강도, MPa

d_{bl} : 철근콘크리트기둥 주철근 직경, mm

H_c : 철근콘크리트기둥 층고높이, mm

H_{cs} : 철근콘크리트기둥 전단경간, mm

p : 축력비, $p = P_u/(f_{ck}bh)$

F_{yf} : 강재보 플랜지 항복강도, MPa

F_{yw} : 강재보 웨브 항복강도, MPa

d : 강재보 단면깊이, mm

b_f : 강재보 단면폭(플랜지 너비), mm

t_w : 강재보 웨브 두께, mm

t_f : 강재보 플랜지 두께, mm

d_f : 강재보 플랜지 중심간 거리($d_f = d - t_f$), mm

d_w : 강재보 웨브 높이($d_w = d - 2t_f$), mm

$F_{y,sp}$: 강재패널 항복강도, MPa

t_{sp} : 강재패널 두께, mm

L_b : 보 경간길이, mm

L_{bs} : 보 전단경간, mm

b_i : 접합부 내측패널 유효폭, mm

b_o : 접합부 외측패널 유효폭, mm

b_j : 접합부 유효폭($b_j = b_i + b_o$), mm

d_j : 접합부 유효깊이($d_j = d$), mm

$F_{y,FBP}$: FBP 항복강도, MPa

$F_{u,FBP}$: FBP 인장강도, MPa

t_{FBP} : FBP 두께, mm

$f_{y,JH}$: JH의 설계기준항복강도, MPa

A_{JH} : 강재보와 평행한(또는 강재보와 수직한 면에서 측정된) JH의 총 단면적, mm^2

s_{JH} : JH 열간 중심간 간격, mm

ρ_{JH} : bhd_j에 대한 JH의 체적비

$V_{n,JH}$: 외측패널 압축장의 공칭전단강도에 대한 JH의 기여도, N

$f_{y,CT}$: CT의 설계기준항복강도, MPa

A_{CT} : 강재보와 평행한(또는 강재보와 수직한 면에서 측정된) CT의 총 단면적 (보수적으로 보 상부 또는 하부 중 작은 값), mm^2

$F_{y,EFBP}$: EFBP 항복강도, MPa

$F_{u,EFBP}$: EFBP 인장강도, MPa

b_{EFBP} : EFBP 폭, mm

d_{EFBP} : EFBP 높이, mm

t_{EFBP} : EFBP 두께, mm

$F_{yf,SC}$: SC 플랜지 항복강도, MPa

$F_{uf,SC}$: SC 플랜지 인장강도, MPa

b_{SC} : SC 단면폭(플랜지 너비), mm

h_{SC} : SC 단면높이, mm

$t_{f,SC}$: SC 플랜지 두께, mm

d_{SC} : 강재보 플랜지로부터 SC 돌출높이, mm

$F_{y,BP}$: BP 항복강도, MPa

$F_{u,BP}$: BP 인장강도, MPa

b_{BP} : BP 폭, mm

d_{BP} : BP 높이, mm

t_{BP} : BP 두께, mm

A_{BP} : 강재보와 평행한(또는 강재보와 수직한 면에서 측정된) BP의 총 단면적 (보수적으로 보 상부 또는 하부 중 작은 값), mm^2

ρ_{BP} : bhd_j에 대한 BP 한 쪽의 체적비

$F_{y,CP}$: CP의 항복강도, MPa

t_{CP} : CP의 두께, mm

A_{CP} : 강재보와 평행한(또는 강재보와 수직한 면에서 측정된) CP의 총 단면적, mm^2

ρ_{CP} : bhd_j에 대한 CP의 체적비

$V_{n,CP}$: 외측패널 압축장의 공칭전단강도에 대한 CP의 기여도, N

x : 전단키에 의해 발생하는 수평방향 콘크리트 스트럿의 폭(강재보와 수직한 방향의 치수), mm

y : 전단키에 의해 발생하는 수평방향 콘크리트 스트럿의 길이(강재보와 평행한 방향의 치수), mm

α_x : x 산정을 위한 계수

$V_{n,cs}$: 내측 콘크리트 압축스트럿의 공칭전단강도, N

$V_{n,cf}$: 외측 콘크리트 압축장의 공칭전단강도, N

$V_{n,wp}$: 강재패널의 공칭전단강도, N

$V_{n,oc}$: 압축장 공칭전단강도에 대한 외측 콘크리트의 기여도, N

$V_{n,ot}$: 압축장 공칭전단강도에 대한 JH 또는 CP의 기여도, N

a_{cb} : 지압부 콘크리트의 유효깊이(강재보와 평행한 방향의 길이), mm

f_{cb} : 콘크리트의 유효지압강도, MPa

β_1 : 콘크리트 등가 직사각형 압축응력블록의 깊이를 나타내는 계수

$C_{n,cb}$: 지압부 콘크리트의 공칭압축강도, N

$C_{n,VJR}$: 압축측 VJR의 공칭압축강도, N

$T_{n,VJR}$: 인장측 VJR의 공칭인장강도, N

h_{VJR} : 압축측 인장측 VJR의 중심간 거리, mm

$M_{n,vb}$: 접합부의 공칭지압모멘트강도, N · mm

ϕ : 강도감소계수

ΣM_c : 상하 기둥 휨모멘트의 합($\Sigma M_c = M_{c1} + M_{c2}$), N · mm

ΣM_b : 좌우 보 휨모멘트의 합($\Sigma M_b = M_{b1} + M_{b2}$), N · mm

V_c : 상하 기둥 전단력의 평균($V_c = (V_{c1} + V_{c2})/2$), N

V_b : 좌우 보 전단력의 평균($V_b = (V_{b1} + V_{b2})/2$), N

V_j : 접합부에 작용하는 수평방향 전단력, N

ΔV_b : 좌우 보 전단력의 차이($\Delta V_b = V_{b2} - V_{b1}$), N

P_u : 기둥 축력, N

2 적용범위

(1) 이 지침은 강재보(H-형강)와 철근콘크리트기둥 또는 매입형합성기둥으로 구성된 합성접합부(이하 RCS접합부)의 해석 및 설계에 적용한다.

(2) 이 지침은 강재보가 기둥을 관통하여 연속되는 보 관통형 RCS접합부에만 적용할 수 있으며, 강기둥-약보 거동을 하는 연속, 단부, 모서리 접합부에 적용할 수 있다.

(3) 이 지침의 적용은 다음 제한사항을 만족하여야 한다.

① 접합부 형상비 $h/d \geq 2/3$

② 콘크리트 압축강도 $f_{ck} \leq$ 100 MPa

③ 강재 항복강도 $F_y \leq$ 475 MPa

④ 철근 항복강도 $f_y \leq$ 600 MPa

여기서, 접합부 형상비는 강재보 단면깊이 d에 대한 철근콘크리트기둥 단면깊이 h의 비를 의미한다.

(4) 이 지침은 비탄성 거동하는 RCS접합부의 설계에도 적용할 수 있다.

(5) 직교하는 강재보가 2방향으로 RCS접합부에 접하는 경우, 각 방향별로 분리하여 독립적으로 설계한다.

(1) 이 지침은 강재보 대신 강재보와 콘크리트슬래브가 일체로 거동하는 합성보에도 적용할 수 있으며, 철근콘크리트기둥 대신 강재기둥이 매입되어 있는 매입형합성기둥에도 적용할 수 있다. 합성보와 매입형합성기둥인 경우에는 KDS 41 30 20 : 2022「건축물 강합성구조 설계기준」에 따라 보와 기둥의 강도를 산정한 후 RCS접합부의 요구강도를 산정하여야 한다. 특히 합성보인 경우에는 슬래브를 고려하지 않을 경우 보의 강도를 과소평가하게 되어 RCS접합부의 요구강도 산정 및 설계기준에 따른 요구 보-기둥 휨강도비 계산상 비안전측이 될 수 있으므로, 반드시 슬래브를 고려하여 강도를 산정하여야 한다. 다만 매입형 합성기둥의 강재기둥은 통상 세움기둥(Erection Column)으로써 그 크기가 작아 강재보와 철근콘크리트기둥에 비해 휨강도가 작으므로, 강재기둥과 강재보 사이의 직접적인 휨모멘트 전달은 보수적으로 무시할 수 있다.

(2) 접합부에서 보가 연속되지 않는 기둥 관통형(Through-column Type)은 비교적 시공이 복잡하고, 특히 주로 보에 상당한 크기의 비탄성변형이 발생하는 강기둥-약보 개념의 내진설계 시 보 연결부의 설계와 상세가 복잡해질 수 있으므로 국내에서의 수요는 크지 않은 편이다. 더불어 KDS 41 17 00 : 2022「건축물 내

진설계기준」 및 KDS 41 30 20 : 2022「건축물 강합성구조 설계기준」 등 현행 설계기준에서 주로 보 관통형(Through-beam Type)을 대상으로 하고 있다는 점도 고려하였다. 비록 기둥 주철근이 기둥상단에 잘 정착되고 강재보도 기둥 주철근에 의해 기둥 내부에 잘 정착되어 있는 경우에는 지붕층 접합부도 유사한 방식으로 설계가 가능하다는 의견이 있으나(Cordova and Deierlein, 2005; Kathuria et al., 2015), 지붕층 접합부는 접합부 상하에 기둥이 있는 경우와 기본적인 하중전달메커니즘이 크게 다르고(ASCE, 1994), 관련된 실험결과도 아직은 충분하지 않기 때문에 이 지침의 적용을 제한한다. 참고로 ASCE(1994)는 별도의 실험적 입증이 없는 한, 지붕층 접합부에 대해서는 강재보에 비해 단면이 훨씬 큰 강재기둥을 사용하여 구조용 강재 간 연결을 상세히 하거나 지붕층 접합부만 비모멘트저항 전단접합부(Nonmoment-resisting Shear Connection)로 설계하는 것을 권고하였다. 다만 이러한 접근법은 실무적으로 현실적이지 않고, 특히 지붕층 접합부의 경우 접합부 파괴 또는 기둥의 항복이 발생하여도 구조물의 전체 거동에 큰 영향을 미치지 않을 수 있다.

(3) 접합부 형상비의 범위 및 재료강도의 범위는 ASCE 2015 Draft(Cordova and Deierlein, 2005; Kathuria et al., 2015), 검증에 사용된 기존 실험연구의 실험변수, 그리고 현행 KDS 기준의 재료강도 적용범위에 기반하여 설정하였다.

(4) RCS접합부에 대한 초기지침인 ASCE(1994)에서는 당시 관련된 실험결과가 충분하지 않았기 때문에 접합부 및 인접하는 부재에 큰 비탄성변형이 발생할 수 있는 강진지역에는 RCS접합부의 적용을 제한하였다. 하지만 이후 연구결과들은 강진지역에 대해서도 RCS접합부의 적용이 가능함을 실험적으로 입증하였으므로(Parra-Montesinos and Wight, 2001; Kanno and Deierlein, 2002; Nishiyama et al., 2004; Deierlein and Noguchi, 2004; Cordova and Deierlein, 2005; Li et al., 2011; Kathuria et al., 2015), 이러한 실험결과에 근거한 이 지침은 RCS접합부에 비교적 큰 비탄성변형이 발생하는 경우에도 적용할 수 있다.

(5) 직교하는 강재보가 2방향으로 RCS접합부에 접하는 경우 각 방향에서 면외방향

강재보에 의한 면내방향 접합부의 하중변화는 크지 않으며, 일반적으로 횡구속 효과로 인해 4면에서 보가 접하는 접합부가 2면에서만 보가 접하는 접합부보다 높은 전단강도를 보이므로 보수적으로 2축방향 하중상관관계는 무시하여 설계한다(ASCE, 1994).

3 요구상세

(1) 이 절에서는 RCS접합부의 최소성능을 확보하기 위해 필요한 요구상세를 규정한다.

(2) RCS접합부는 사용되는 특정시스템에 근거하여 [표 2]의 최소 요구상세를 만족하여야 한다.

표 2. RCS접합부 최소 요구상세

구분		보통모멘트골조	중간모멘트골조	특수모멘트골조
보강 요소[1]	표면 지압판	선택	필수	필수
	접합부 횡보강	접합부 후프철근(JH) 및 강재덮개판(CP) 중 택일 필수	접합부 후프철근(JH) 및 강재덮개판(CP) 중 택일 필수	접합부 후프철근(JH) 및 강재덮개판(CP) 중 택일 필수
	기둥부 횡보강	기둥부 띠철근(CT) 및 강재띠판(BP) 중 택일 필수	기둥부 띠철근(CT) 및 강재띠판(BP) 중 택일 필수	기둥부 띠철근(CT) 및 강재띠판(BP) 중 택일 필수
	전단키	선택	선택	확장표면지압판(EFBP), 강재기둥(SC), 접합부 수직보강재(VJR), 강재띠판(BP), 직교보(TB) 중 택일 필수
$\frac{\text{공칭강도}}{\text{요구강도}}=\frac{V_{jn}}{V_{jd}}$ [2]			≥ 0.5	≥ 1.0
총층간변위각			≥ 0.03 rad	≥ 0.04 rad

[1] 각 보강요소의 상세 예시는 [그림 2]를 참조한다.

[2] V_{jd}는 [식 (1)]에 의해 산정하며, V_{jn}는 [식 (4)]에 의해 산정한다.

(3) 특수 및 중간모멘트골조에 적용되는 RCS접합부에는 강재보와 철근콘크리트 기둥이 접하는 면에 표면지압판(Face Bearing Plate, 이하 FBP)을 설치하여야 한다. 단, 표면지압판(FBP)은 콘크리트 지압에 의해 발생하는 전단과 휨에 대해 단면의 전 강도를 발휘할 수 있도록 강재보와 용접되어야 한다.

(4) 강재보 단면깊이 내의 접합부 콘크리트는 횡보강하여야 한다. 접합부 횡보강에는 접합부 후프철근(Joint Hoop, 이하 JH) 또는 강재덮개판(Steel Cover Plate, 이하 CP)을 적용할 수 있다.

(5) 강재보 상하의 기둥부 콘크리트는 횡보강하여야 한다. 기둥부 횡보강에는 기둥부 띠철근(Column Tie, 이하 CT) 또는 강재띠판(Steel Band Plate, 이하 BP)을 적용할 수 있다.

(6) 전단키를 적용할 경우 접합부 내 강재보 플랜지에 직접 부착하여야 하며, 이때 각 전단키는 단면의 전 강도를 발휘할 수 있도록 부착되어야 한다. 전단키로는 확장표면지압판(Extended FBP, 이하 EFBP), 강재기둥(Embedded Steel Column, 이하 SC), 접합부 수직보강재(Vertical Joint Reinforcement, 이하 VJR), 또는 강재띠판(BP)을 적용할 수 있으며, 직교보(Transverse Beam, 이하 TB)도 전단키로 기능할 수 있다. 단, 강재보 플랜지 한 쪽에 부착된 확장표면지압판(EFBP), 강재기둥(SC), 강재띠판(BP)의 높이는 접합부 유효깊이(d_j)의 0.25배 이상이어야 하고, 접합부 수직보강재(VJR)의 높이는 요구정착길이 이상이어야 하며, 확장표면지압판(EFBP)과 강재띠판(BP)에는 보강용 수직스티프너를 추가로 설치해야 한다.

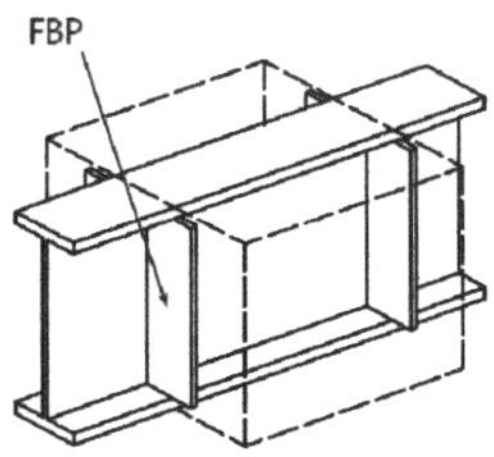

(a) 표면지압판(FBP)

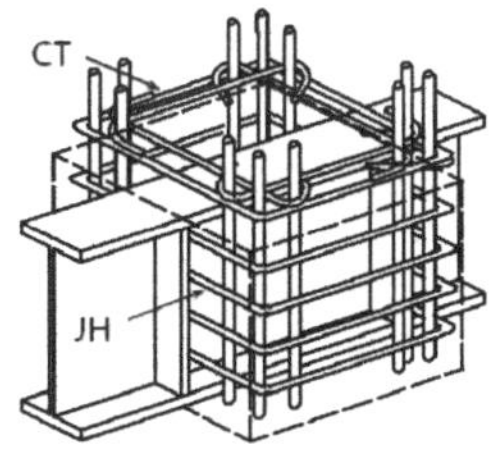

(b) 접합부 후프철근(JH)
및 기둥부 띠철근(CT)

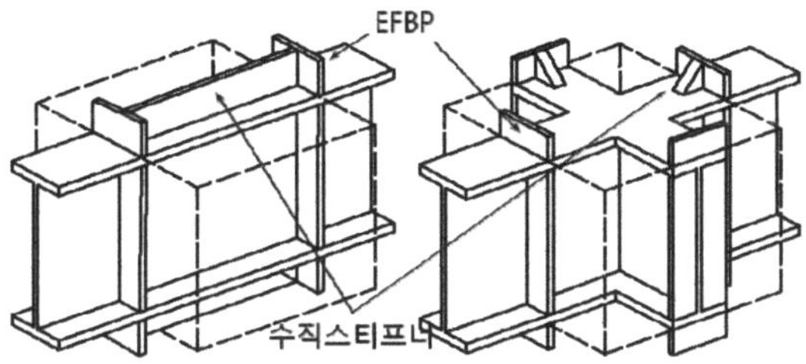

(c) 확장표면지압판(EFBP)

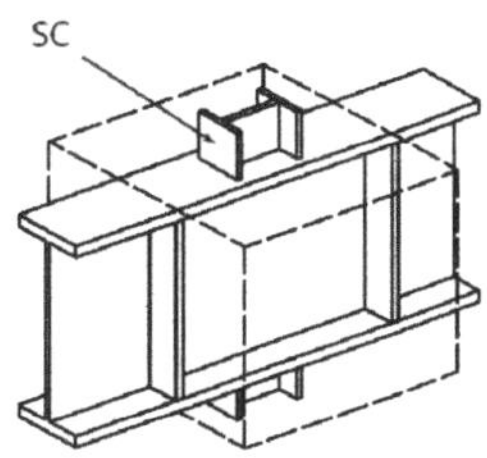

(d) 강재기둥(SC)

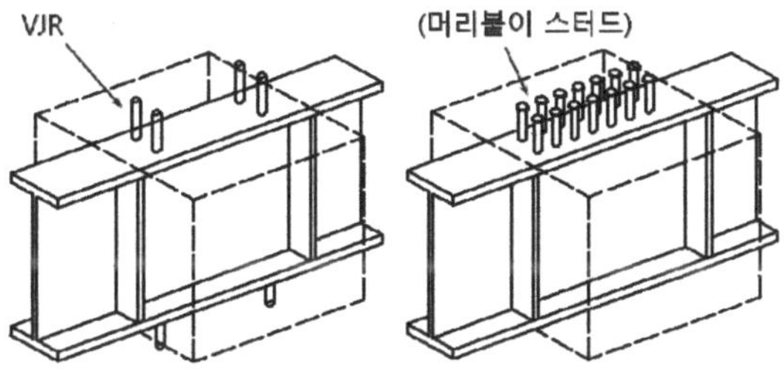

(e) 접합부 수직보강재(VJR)

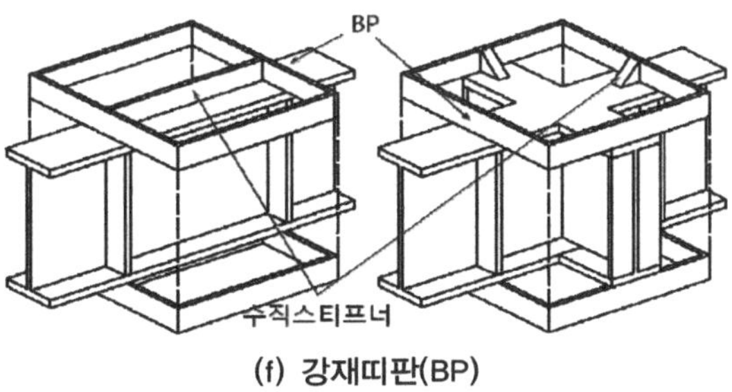

(f) 강재띠판(BP)

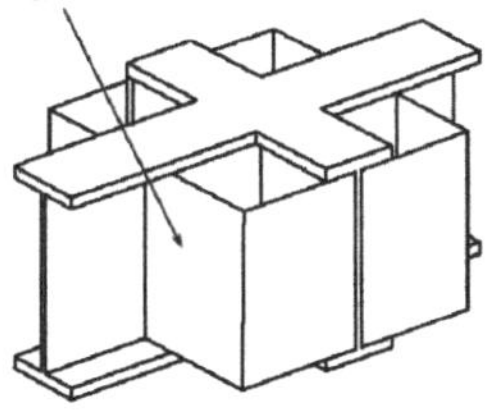

(g) 강재덮개판(CP)

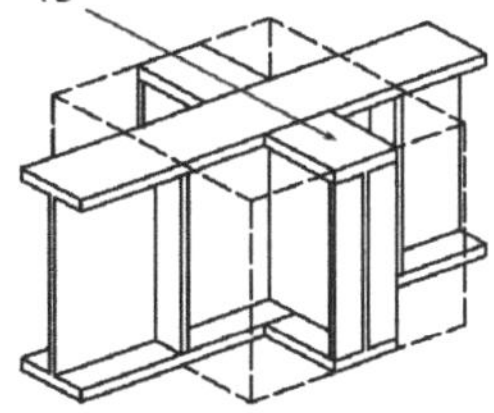

(h) 교차보(TB)

그림 2. 각 보강요소의 상세 예시

(1) 이 지침에 명시된 접합부 보강요소는 실험적으로 입증된 상세이며, RCS접합부의 파괴모드 및 하중저항기구를 바탕으로 RCS접합부로서 최소한의 성능을 발휘할 수 있도록 최소한의 요구상세를 규정하였다. 구조안전성과 시공성 등을 고려하여 이 지침에 명시된 접합부 보강요소를 조합하여 적용할 수 있으며, 다만 이 지침에 명시되지 않은 보강요소를 적용할 경우 별도의 해석 및 실험으로 구조성능을 입증해야 한다. 실험적으로 규명된 RCS접합부의 파괴모드 및 하중저항기구를 [해설 표 1] 및 [해설 그림 1]에 나타내었으며, 이 지침에 따른 각 구성요소의 역할과 기본상세를 [그림 2] 및 [해설 표 2]에 나타내었다.

해설 표 1. RCS접합부의 파괴모드 및 하중저항기구

구분	파괴모드	하중저항기구
내측 패널	전단파괴	• 강재패널(Steel Panel): 강재웨브의 전단항복 • 콘크리트 압축스트럿(Compression Strut): FBP와 강재보 플랜지의 지압에 의해 내측패널 콘크리트에 발생하는 대각압축스트럿
	지압파괴	• 수직지압파괴(Vertical Bearing Failure): 강재보의 강체회전(Rigid Body Rotation)에 의한 강재보 플랜지 상하부 콘크리트의 압괴
외측 패널	전단파괴	• 압축장(Compression Field): EFBP, SC, BP 등 전단키(Shear Key)의 직접지압에 의해 접합부 상하의 콘크리트에 수평방향 압축스트럿이 발생하고, 이 수평압축스트럿 끝단에서의 외곽추력(Outward Thrust: 강재보와 수직/수평한 힘)은 CT 또는 BP 등 기둥부 콘크리트 횡보강요소에 의해 지지됨. 이 중 강재보와 수직한 힘은 자체적으로 평형(인장과 압축)을 이루는 반면, 강재보와 평행한 힘은 외측패널에 압축장(콘크리트 대각압축스트럿 및 JH 또는 CP 등 접합부 콘크리트 횡보강요소의 수평방향 타이) 유발
	부착파괴	• 기둥 주철근 부착파괴(Bond Failure): 접합부 내 기둥 주철근의 슬립을 방지하기 위해서는 충분한 부착 또는 정착길이 필요

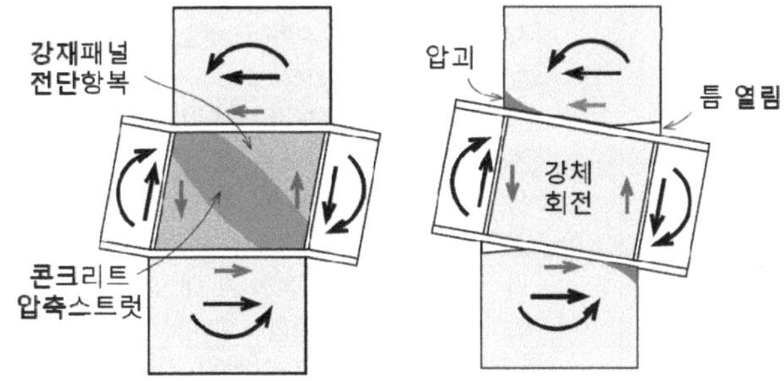

(a) 내측패널

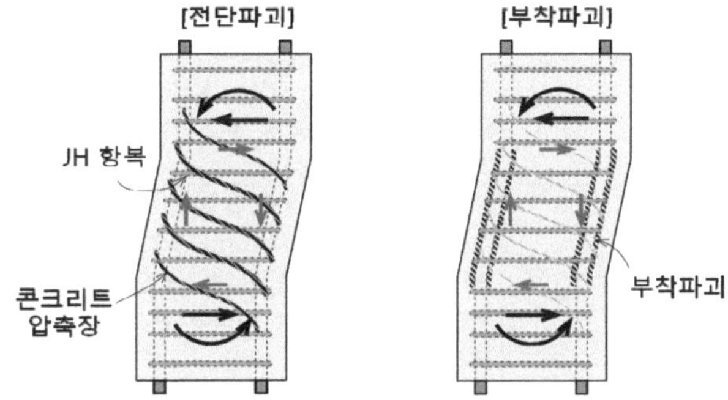

(b) 외측패널

해설 그림 1. RCS접합부의 파괴모드(Kanno and Deierlein, 2002)

해설 표 2. 각 구성요소의 역할

구성 요소	파괴모드				하중저항기구 및 역할	요구상세, 권고상세, 기여도 산정
	내측패널		외측패널			
	전단 파괴	지압 파괴	전단 파괴	부착 파괴		
강재패널	○				전단항복에 의한 저항기구를 형성하며, 패널존의 추가적인 보강을 위해 웨브이중판(Web Doubler Plate, 이하 WDP) 적용가능	식 (6), 해설 II.4(4)②
강재보 플랜지	○	○			접합부 내의 강재보 플랜지는 FBP와 함께 내측패널 콘크리트에 대각압축스트럿 저항기구를 형성하며, 추가적으로 내측패널의 수직지압파괴에도 영향을 끼침	
표면지압판 (FBP)	○				[그림 2(a)]: 기둥면에 외접하여 강재보 상하 플랜지와 웨브 사이에 용접설치된 판재로서, 접합부 내의 강재보 플랜지와 함께 내측패널 콘크리트에 대각압축스트럿 저항기구를 형성하며, 추가적으로 접합부 콘크리트를 횡구속하여 JH의 정착성능도 개선할 수 있음. FBP만큼 효과적이지는 않지만,	지침 II.3(3), 해설 II.3(3), 식 (7b), 해설 II.4(4)③

					웨브보강판(Web Stiffener Plate, 이하 WSP: 상하 SC의 플랜지를 잇는 보강용 수직스티프너)은 FBP가 내측으로 이동한 것으로 간주할 수 있음	
접합부 후프철근 (JH)			○		[그림 2(b)]: 강재보 단면깊이 내의 접합부 콘크리트에 횡방향으로 설치된 보강근으로서, 접합부 콘크리트를 횡구속하고, 외측패널에 발생한 압축장에서 수평방향 타이로서 인장저항하며, 접합부 내 기둥 주철근의 국부좌굴을 억제함	지침 II.3(4), 해설 II.3(4), 식 (11)
기둥부 띠철근 (CT)		○	○		[그림 2(b)]: 강재보 상하의 기둥부 콘크리트에 횡방향으로 설치된 보강근으로서, 전단키의 지압에 의해 발생하는 수평압축스트럿의 추력에 저항하여 외측패널에 압축장을 형성시키고, 기둥 주철근의 국부좌굴을 억제하며, 기둥부 콘크리트를 횡구속하여 지압성능도 개선	지침 II.3(5), 해설 II.3(5), 식 (15)
확장 표면지압판 (EFBP)			○		[그림 2(c)]: 강재보 플랜지 상하에 직접 부착되어 있는 판재로서(FBP가 기둥부 콘크리트까지 확장된 개념), 전단키로서 기능하고, 추가적으로 기둥부 콘크리트를 횡구속하여 지압성능 개선	지침 II.3(6), 식 (12), 해설 II.4(5)③
강재기둥 (SC)			○		[그림 2(d)]: 강재보 플랜지 상하에 직접 부착되어 있는 작은 강재기둥으로서, 전단키로서 기능하며, 시공 시 세움기둥으로도 활용	지침 II.3(6), 식 (13), 해설 II.4(5)③
접합부 수직보강재 (VJR)		○	○		[그림 2(e)]: 강재보 플랜지 상하에 직접 부착되어 있는 수직방향 보강재(철근, 강봉, 강재앵글, 머리붙이 스터드 등)로서, 전단키로서 기능하며, 충분한 정착길이가 확보된 경우 수직지압파괴에도 저항	지침 II.3(6), 해설 II.3(6), 식 (8a)
강재띠판 (BP)		○	○		[그림 2(f)]: 접합부 내의 강재보 플랜지 상하에 직접 부착되어 기둥을 둘러싸는 판재로서, 보와 수직한 방향은 전단키로서 기능하고, 보와 평행한 방향은 CT를 대체할 수 있으며, 추가적으로 기둥부 콘크리트를 횡구속하여 지압성능 개선	지침 II.3(5), 지침 II.3(6), 해설 II.3(5), 식 (14), 식 (16), 해설 II.4(5)③, 해설 II.4(5)④
강재덮개판 (CP)	△		○		[그림 2(g)]: 접합부 콘크리트를 4면에서 둘러싸는 판재로서, JH를 대체할 수 있으며, 시공 시 접합부 거푸집으로도 활용됨. 강재보와 충분히 일체거동하는 경우 강재패널과 함께 전단항복에 의한 저항기구를 형성할 수 있음	지침 II.3(4), 식 (6), 식 (11), 해설 II.4(4)②
직교보 (TB)			○		[그림 2(h)]: 서로 직교하는 강재보가 접합부의 4면에 접하는 경우로서, 전단키로서 기능하며, 추가적으로 접합부 콘크리트를 횡구속	지침 II.3(6)

기둥 주철근				○	접합부 휨모멘트 전달 시 철근하중의 급격한 변화에 의한 기둥 주철근의 슬립을 방지하기 위해서는 기둥 주철근의 직경을 제한할 필요가 있음(부착면적을 증가시켜 부착강도 증가 또는 요구정착길이 감소, II.3(4) 참조)	식 (17), 식 (18)

(2) 이 지침에서는 기존 실험결과에 따라 보강요소를 FBP, 접합부 콘크리트 횡보강요소(JH 또는 CP), 기둥부 콘크리트 횡보강요소(CT 또는 BP), 전단키(EFBP, SC, VJR, BP, TB)의 4가지로 구분하였으며, 사용되는 특정시스템에 근거하되 시공성 등을 고려하여 각 구분별로 보강요소를 선택할 수 있도록 구성하였다. 특수 및 중간모멘트골조에 대한 강도 요구조건은 RCS접합부에서의 피해를 제한하기 위한 것이며, RCS접합부의 요구강도 및 공칭강도는 Ⅱ.4(강도)에 기반하여 산정한다. 특수 및 중간모멘트골조에 대한 총층간변위각 요구조건은 KDS 41 30 20 : 2022 「건축물 강합성구조 설계기준」에 따른 것이며, RCS 접합부의 변형성능은 Ⅱ.5(비선형 모델 및 허용기준)에 기반하여 산정한다. 참고로 RCS접합부에 대한 최소 총층간변위각에 대한 요구조건은 [그림 7] 및 [표 4]의 모델링 변수 d에 대응한다.

(3) [해설 표 2]에 나타나 있듯이, FBP는 내측패널의 전단강도에 크게 기여한다. 일부 연구에서는 FBP를 생략하거나(Sheikh et al., 1987; Deierlein et al., 1988), 고의로 콘크리트와 이격시키거나(Sheikh et al., 1987), 고의로 분할하거나(Deierlein et al., 1988), WSP로 대체하여(Deierlein et al., 1988; Dung Le et al., 2020) 실험을 수행하였으며, 이러한 실험결과에 대해서도 이 지침을 다소 변경하여 적용함으로써 성능을 예측할 수 있다(부록 참조). 하지만 기존의 많은 실험을 통해 FBP가 전단에 대한 RCS접합부의 강성과 강도를 크게 증가시킴을 확인하였고, ASCE(1994), ASCE 2015 Draft, KDS 41 30 20 : 2022 「건축물 강합성구조 설계기준」에서 FBP가 필수로 요구되고 있으므로, 이 지침에서도 FBP를 필수 보강요소로 규정하였다. 강성의 관점에서 FBP의 두께는 강재보 단면폭의 1/22 이상을 권고한다(Sheikh et al., 1987).

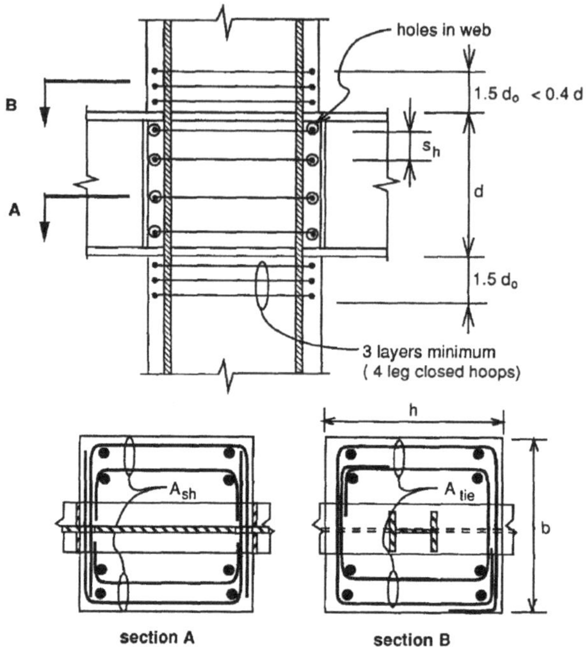

(a) 횡보강근(AISC 1994)

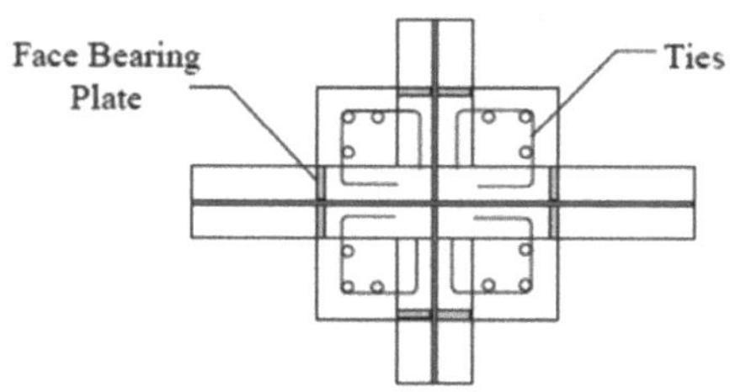

(b) 독립후프근(Cordova and Deierlein 2005)

해설 그림 2. 횡보강근 상세 예시

(4) [해설 표 2]에 나타나 있듯이, JH 및 CP 등 접합부 콘크리트 횡보강요소는 외측패널의 전단강도에 기여한다. JH를 적용할 경우, 접합부 콘크리트에 연속적인 횡구속효과를 제공하기 위해서는 강재웨브에 구멍을 뚫어 JH를 관통시켜야 한다. 이때 천공된 위치가 기둥면으로부터 $0.15h$ 내에 있고 천공된 평면에서 강재웨브의 총 단면적에 대한 순 단면적의 비가 0.7 이상인 경우에는 천공에 따른 강재웨브의 전단강도 저감은 무시할 수 있다(ASCE, 1994). [해설 그림 2(b)]에 나타나 있듯이, JH의 단부가 FBP 뒤쪽의 횡구속영역에 충분히

정착된 경우에는 강재웨브를 관통하지 않는 독립후프근(Isolated Hoop)을 사용할 수 있다(Cordova and Deierlein, 2005; Kathuria et al., 2015). 비록 기존 연구에서 JH 최소 요구상세의 완화가능성을 언급하였고(Kanno, 1993; Kanno and Deierlein, 2002), 이 지침이 각 보강요소의 상세에 따라 RCS접합부의 성능을 결정할 수 있도록 구성되어 있지만, 접합부 콘크리트의 적절한 횡구속 및 접합부 내 기둥 주철근의 좌굴을 방지하기 위하여, 접합부 유효체적(bhd_j)에 대한 JH의 체적비는 0.01 이상을 권고하며 JH의 수직간격은 접합부 유효깊이(d_j)의 0.25배와 기둥 단면깊이(h)의 0.25배 중 작은 값을 초과하지 않을 것을 권고한다(ASCE 2015 Draft). 여기서, b는 기둥 폭이다.

(5) [해설 표 2]에 나타나 있듯이, CT 및 BP 등 기둥부 콘크리트 횡보강요소는 외측패널의 전단강도 및 내측패널의 수직지압강도에 기여한다. 비록 기존 연구에서 CT 최소 요구상세의 완화가능성을 언급하였고(Kanno, 1993; Kanno and Deierlein, 2002) 이 지침이 각 보강요소의 상세에 따라 RCS접합부의 성능을 결정할 수 있도록 구성되어 있지만, 기둥부 콘크리트의 적절한 횡구속 및 기둥 주철근의 좌굴을 방지하기 위하여, CT를 적용할 경우, 강재보 상하부 각각 접합부 유효깊이(d_j)의 0.4배 이내에 최소 3열 이상을 배치할 것을 권고하고 각 열은 기둥 단면폭(b)이 500 mm 이하인 경우 4-D10, 기둥 단면폭이 750 mm 이상인 경우 4-D16, 그 사이인 경우 4-D13 이상으로 구성할 것을 권고한다(ASCE 2015 Draft). 마찬가지로, BP를 적용할 경우, 강재보 상하부 각각 접합부 유효체적(bhd_j)에 대한 BP의 체적비는 0.03 이상을 권고하고 BP의 두께는 13 mm 이상을 권고한다(ASCE 2015 Draft).

(6) [해설 표 2]에 나타나 있듯이, 전단키는 외측패널의 전단강도에 기여하며, VJR은 추가적으로 내측패널의 수직지압강도에도 기여한다. 최소 요구상세는 ASCE 2015 Draft에 따른 것이며, 각 전단키에 작용하는 힘에 대해 해당 전단키가 안정적으로 저항할 수 있도록 하기 위함이다. VJR의 요구정착길이는 KDS 14 20 52 : 2022「콘크리트구조 정착 및 이음 설계기준」에 따라 산정할

수 있다. 다만 전단키로 기능하면서도 강재보와 철근콘크리트기둥의 합성작용을 개선시키는 스터드전단연결재를 접합부 내 강재보 플랜지에 설치할 것을 권장한다.

4 강도

(1) 강기둥-약보 개념에 따라 설계할 경우, 접합부의 요구강도 V_{jd}는 다음 식으로 산정한다([그림 3] 참조).

$$V_{jd} = \left(1 - \frac{d_j}{H_c} - \frac{h}{L_b}\right)\frac{L_b}{d_j} \times V_{bp} \tag{1}$$

여기서 d_j는 접합부 유효깊이, h는 기둥의 단면깊이, H_c는 기둥의 층고, L_b는 보의 경간, V_{bp}는 보의 소성휨강도에 대응하는 보 전단력이다.

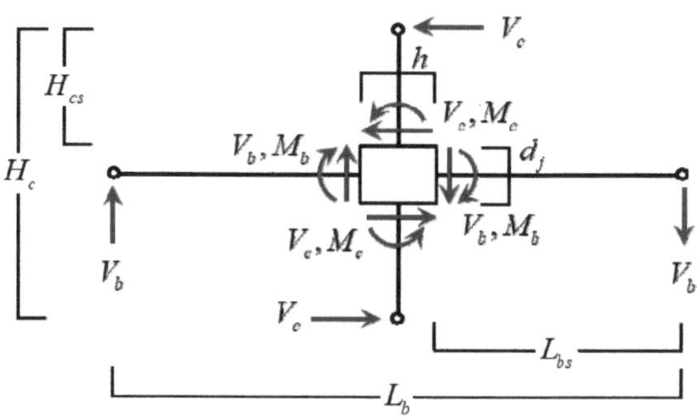

그림 3. RCS접합부의 하중 계산

(2) 접합부 유효폭 b_j및 유효깊이 d_j는 다음 식으로 산정한다([그림 4] 참조).

$$b_j = b_i + b_o \tag{2a}$$

$$b_i = b_f \tag{2b}$$

$$b_o = y + \frac{2}{3}\alpha_x x - b_f \le b - b_i \tag{2c}$$

$$d_j = d \tag{3}$$

여기서 b_i와 b_o는 내측패널 및 외측패널의 유효폭, b_f와 d는 강재보의 단면폭 및 단면깊이, b와 h는 철근콘크리트기둥의 단면폭 및 단면깊이이다. 외측패널 유효폭 b_o 산정을 위한 계수 및 치수 α_x, x, y는 [표 3]에 따른다.

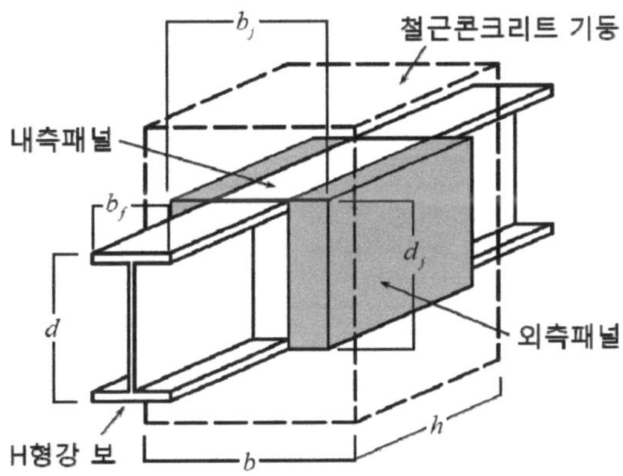

그림 4. RCS접합부의 유효폭 및 유효깊이 산정

표 3. RCS접합부 강도산정을 위한 계수 및 치수

구분			계수 및 치수[1)]
내측패널	전단강도	강재패널	α_{sp} =0.9(연속접합부) 또는 0.8(단부접합부)
		콘크리트	α_c =1.0(연속접합부) 또는 0.6(단부접합부)
	지압강도	기둥부 콘크리트 횡보강	기둥부 띠철근(CT)이 있는 경우, $\alpha_{cb}=2.0$ 강재띠판(BP)이 있는 경우, $\alpha_{cb}=2.5$
외측패널	유효폭	전단키 ([그림 5] 참조)	확장표면지압판(EFBP)이 있는 경우, $x=h$, $y=b_{EFBP}$ 강재기둥(SC)이 있는 경우, $x=h/2+h_{SC}/2$, $y=b_{SC}$ 접합부 수직보강재(VJR)가 있는 경우, x =최외곽열을 제외한 나머지 VJR 군

			집의 도심으로부터 제외된 최외곽열측 기둥면까지의 길이, y=VJR 군집의 폭 강재띠판(BP)이 있는 경우, $x=h$, $y=b_f$ 직교보(TB)가 있는 경우, $x=0.5h$, $y=b$ 전단키가 없는 경우, $x=0.7h$, $y=0$
		기둥부 콘크리트 횡보강	기둥부 띠철근(CT)이 있는 경우, α_x =1.0 기둥부 띠철근(CT) 없이 강재띠판(BP)만 있는 경우, α_x =0.5
	전단 강도	콘크리트	α_c =내측패널과 동일

[1]연속접합부 및 단부접합부는 각각 내부접합부 및 외부접합부이며, b_{EFBP}는 확장표면지압판(EFBP)의 폭, b_{SC} 및 h_{SC}는 강재기둥(SC) 단면폭과 단면깊이이다.

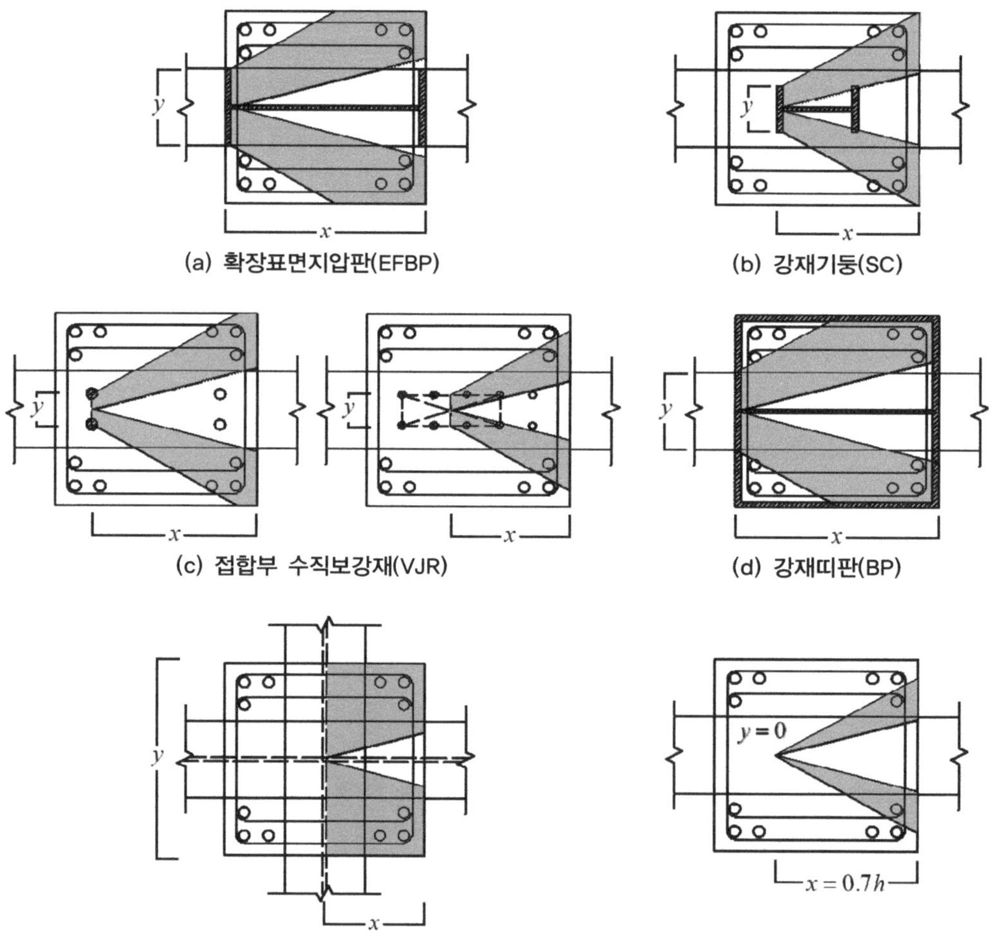

(a) 확장표면지압판(EFBP)　(b) 강재기둥(SC)　(c) 접합부 수직보강재(VJR)　(d) 강재띠판(BP)　(e) 교차보(TB)　(f) 전단키가 없는 경우

그림 5. 전단키에 따른 외측패널 유효폭 산정용 치수

(3) 접합부의 공칭강도 V_{jn}은 내측패널의 공칭강도 V_{in}과 외측패널의 공칭강도 V_{on}의 합으로 구한다.

$$V_{jn} = V_{in} + V_{on} \tag{4}$$

(4) 내측패널의 공칭전단강도 V_{in}은 강재패널의 기여도 V_{sp}와 내측패널 콘크리트 압축스트럿의 기여도 V_{ic}의 합으로 구한다. 단, V_{in}의 최댓값은 내측패널의 수직지압파괴에 의해 제한되며, V_{ic}의 최댓값은 압축스트럿 끝단에서의 지압파괴 및 표면지압판(FBP)의 상세에 의해 제한된다.

$$V_{in} = V_{sp} + V_{ic} \le \left(M_{vb} - V_b h\right)/d_j \tag{5}$$

$$V_{sp} = 0.6F_{y,sp} t_{sp} \alpha_{sp} h \tag{6}$$

$$V_{ic} = 1.7\alpha_c \sqrt{f_{ck}}\, b_i h \le \min\left\{0.5 f_{ck} b_i d_j \ ; \ V_{ic,FBP}\right\} \tag{7a}$$

$$V_{ic,FBP} = \min\left\{\frac{2F_{u,FBP} t_{FBP} b_f}{\sqrt{3}} \ ; \ \frac{F_{y,FBP} t_{FBP}^2 d_w}{0.04 b_f}\right\} \tag{7b}$$

$$M_{vb} = C_{cb} h\left(1 - \beta_1/2\right) + h_{VJR}\left(T_{VJR} + C_{VJR}\right) \tag{8a}$$

$$C_{cb} = \alpha_{cb} f_{ck} b_i \left(\beta_1 h/2\right) \tag{8b}$$

여기서, $F_{y,sp}$와 t_{sp}는 강재패널의 항복강도 및 두께, f_{ck}는 콘크리트의 압축강도, $F_{y,FBP}$, $F_{u,FBP}$, t_{FBP}는 표면지압판(FBP)의 항복강도, 인장강도, 두께, $d_w = d - 2t_f$는 강재보 웨브높이, M_{vb}는 접합부의 모멘트지압강도, C_{cb}는 지압부 콘크리트의 압축강도, T_{VJR} 및 C_{VJR}은 인장측 및 압축측 접합부 수직보강재(VJR)의 축강도(단, 계산 시 $T_{VJR} + C_{VJR} \le C_{cb}/2$), h_{VJR}은 인장측과 압축측 접합부 수직보강재(VJR)의 중심간 거리, β_1은 콘크리트 등가 직사각형 압축응력블록의 깊이를 나타내는 계수, V_b는 접합부에 인접하는 좌우 보의 전단력 평균이다. 계수 α_{sp}와 α_{cb}는 [표 2]에 따르며, V_b는 보수적으로 강재보 소성휨강도 M_{bp}에 대응하는 전단력(M_{bp}/L_{bs}, 여기서 L_{bs}는 보의 전단경간)을 사용할 수 있다. 이중웨브판(WDP) 또는 강재보와 충분히 일체거동하는 강재덮개판(CP)이 적용된 경우에는 V_{sp} 산정 시 그 기여도를 반영할 수 있으며, 표면지압판(FBP) 없이 웨브보강판(WSP)이 적용된 경우에도 V_{ic} 산정 시 그 기여도를 반영할 수 있다.

(5) 외측패널의 공칭전단강도 V_{on}은 외측패널 콘크리트 압축스트럿의 기여도 V_{oc} 및 접합부 콘크리트 횡보강요소의 기여도 V_{ot}의 합으로 구한다. 단, V_{on}의 최댓값은 전단키 상세 및 기둥부 콘크리트 횡보강 상세, 그리고 접합부 기둥 주철근의 부착파괴에 의해 제한된다.

$$V_{on} = V_{oc} + V_{ot} \tag{9}$$

$$\le \min\{\max\{V_{on,EFBP}\ ;\ V_{on,SC}\ ;\ V_{on,BPx}\}\ ;\ \max\{V_{on,CT}\ ;\ V_{on,BPy}\}\ ;\ V_{bl}\}$$

$$V_{oc} = 1.05\alpha_c\sqrt{f_{ck}}\,b_o h \tag{10}$$

$$V_{ot} = \min\{f_{y,JH}A_{JH}\ ;\ f_{y,CP}A_{CP}\} \tag{11}$$

$$V_{on,EFBP} = \min\left\{\frac{2F_{u,EFBP}t_{EFBP}b_{EFBP}}{\sqrt{3}}\ ;\ \frac{F_{y,EFBP}t_{EFBP}^2 d_{EFBP}}{0.0144b_{EFBP}}\right\} \tag{12}$$

$$V_{on,SC} = \min\left\{\frac{2F_{u,SC}t_{t,SC}b_{SC}}{\sqrt{3}}\ ;\ \frac{F_{yf,SC}t_{f,SC}^2 d_{SC}}{0.0144b_{SC}}\right\} \tag{13}$$

$$V_{on,BPx} = \min\left\{\frac{2F_{u,BP}t_{BP}b_{BP}}{\sqrt{3}}\ ;\ \frac{F_{y,BP}t_{BP}^2 d_{BP}}{0.0144b_{BP}}\right\} \tag{14}$$

$$V_{on,CT} = f_{y,CT}A_{CT} \tag{15}$$

$$V_{on,BPy} = F_{y,BP}A_{BP} \tag{16}$$

$$V_{bl} = 1.16\sqrt{f_{ck}}\,\varphi_{bl}h_{bl} \tag{17}$$

여기서, $f_{y,JH}$ 및 A_{JH}는 보와 평행한 접합부 후프철근(JH)의 항복강도와 총단면적, $f_{y,CP}$ 및 A_{CP}는 보와 평행한 강재덮개판(CP)의 항복강도와 총단면적, $F_{y,EFBP}$, $F_{u,EFBP}$, t_{EFBP}, b_{EFBP}, d_{EFBP}는 확장표면지압판(EFBP)의 항복강도, 인장강도, 두께, 폭, 높이, $F_{yf,SC}$, $F_{uf,SC}$, $t_{f,SC}$, b_{SC}, d_{SC}는 강재기둥(SC) 플랜지의 항복강도, 인장강도, 두께, 폭 및 강재기둥(SC)의 돌출높이, 식 (14)의 $F_{y,BP}$, $F_{u,BP}$, t_{BP}, b_{BP}, d_{BP}는 보와

수직한 강재띠판(BP)의 항복강도, 인장강도, 두께, 폭, 높이(단, 계산 시 $d_{EFBP} \le 0.25d_j$, $d_{SC} \le 0.25d_j$, $d_{BP} \le 0.25d_j$), $f_{y,CT}$ 및 A_{CT}는 보와 평행하고 보 상하부 $0.4d_j$ 내에 있는 기둥부 띠철근(CT)의 항복강도와 총단면적(보수적으로 보 상부 또는 하부 중 작은 값 사용), 식 (16)의 $F_{y,BP}$와 A_{BP}는 보와 평행한 강재띠판(BP)의 총단면적(보수적으로 보 상부 또는 하부 중 작은 값 사용)이며, 계수 α_c는 [표 2]에 따른다. φ_{bl} 및 h_{bl}은 기둥 주철근의 총 둘레길이 및 인장측과 압축측 기둥 주철근의 중심간 거리이며, 다만 부착파괴 V_{bl}은 다음 조건을 만족하는 경우 무시할 수 있다.

$$d_{bl} \le \frac{d_j(420)}{20f_{yl}} \le \frac{d_j}{20} \tag{18}$$

여기서 d_{bl}과 f_{yl}은 기둥 주철근의 직경 및 항복강도이다.

(6) 설계 시 전단강도와 지압강도에 대한 강도감소계수 ϕ_s와 ϕ_b는 KDS 14 20 10 : 2021「콘크리트구조 해석과 설계 원칙」에 따른다.

(1) 강재보, 철근콘크리트기둥, RCS접합부로 구성된 RCS 복합골조에서, 보 전단력 V_b 작용 시 기둥 전단력 V_c와 접합부 전단력 V_j(또는 기둥 전단력 V_c 작용 시 보 전단력 V_b와 접합부 전단력 V_j)는 [그림 3]에 나타나 있는 접합부에서의 휨모멘트 평형방정식에 따라 다음과 같이 산정할 수 있다(Paulay and Priestley, 1992; ASCE, 1994).

$$\Sigma M_c = \Sigma M_b + V_b h - V_c d_j \qquad \text{해설 (1)}$$

$$V_c = (L_b/H_c)V_b \text{ 또는 } V_b = (H_c/L_b)V_c \qquad \text{해설 (2)}$$

$$V_j = \left(\frac{H_c}{d_j} - 1\right)V_c - \frac{h}{d_j}V_b \qquad \text{해설 (3a)}$$

$$= \left(1 - \frac{d_j}{H_c} - \frac{h}{L_b}\right)\frac{L_b}{d_j}V_b \qquad \text{해설 (3b)}$$

$$= \left(1 - \frac{d_j}{H_c} - \frac{h}{L_b}\right)\frac{H_c}{d_j}V_c \qquad \text{해설 (3c)}$$

여기서, ΣM_c는 상하 기둥 휨모멘트의 합, ΣM_b는 좌우 보 휨모멘트의 합이다. 약기둥-강보의 개념으로 설계를 하는 경우에는 [식 (1)] 대신 [해설 식 (3c)]와 기둥의 강도에 대응하는 기둥전단력 V_c를 이용하여 접합부의 요구강도 V_{jd}를 산정할 수 있다.

(2) FBP의 폭이 강재보의 폭보다 넓은 광폭FBP가 적용되어 구조성능이 증대된 실험결과가 있으나(Sheikh et al., 1987; Kanno, 1993; Alizadeh et al., 2015), 광폭FBP를 보강하기 위한 특별한 조치가 없는 한 성능을 보장할 수 없으므로(Deierlein et al., 1988) 이 지침에서는 광폭FBP의 효과를 보수적으로 무시하였다. 전단키에 따른 외측패널 유효폭 b_o 산정용 치수 x와 y는 [그림 5]를 참조한다(Kanno, 1993; Kanno and Deierlein, 2002; Cordova and Deierlein, 2005; Kathuria et al., 2015). [표 2]는 기본적으로 ASCE 2015 Draft에 따른 것이며, VJR과 TB의 효과를 더욱 명시적으로 반영하기 위하여 Kanno(1993)와 Kanno and Deierlein(2002)의 제안치수를 추가하였다.

(3) RCS접합부의 공칭강도는 파괴모드에 따른 각 하중저항기구의 기여도를 합하여 구할 수 있다(Sheikh et al., 1987; Deierlein et al., 1988; Kanno, 1993; ASCE, 1994; Parra-Montesinos, 2000; Parra-Montesinos and Wight, 2001; Kanno and Deierlein, 2002; Parra-Montesinos et al., 2003; Nishiyama et al., 2004; Cordova and Deierlein, 2005; Kathuria et al., 2015).

(4) 내측패널의 전단강도는 ASCE 2015 Draft에 따른 것이다. 다만, ASCE 2015 Draft에서는 각 보강요소의 요구상세를 해당 보강요소와 관련된 하중저항기구 기여도의 함수로 제시하였으나, 이 지침에서는 역으로 각 보강요소의 상세에 따라 RCS접합부의 성능을 결정할 수 있도록 각 하중저항기구 기여도의 최댓값을 해당 하중저항기구와 관련된 보강요소 상세의 함수로 규정하였다.

① 식 (5): ASCE 1994에서는 지압강도 산정 시 내측패널과 외측패널이 모두 지압에 저항한다고 가정하였지만, ASCE 2015 Draft에서는 실험결과에 기반하여(Kanno 1993, Kanno and Deierlein 2002: 내측패널의 파괴모드와 상관없이 외측패널은 전단파괴) 지압파괴를 내측패널로만 국한하였다(수직지압강도 감소). 접합부 강도와 접합부 파괴 시점에서의 V_b는 서로 상호참조되므로 정확한 강도산정을 위해서는 반복계산

이 필요하지만, 간단한 계산을 위하여 보수적으로 $V_b = M_{bp}/L_{bs}$를 사용할 수 있다.

② 식 (6): 강재패널의 기여도 V_{sp}는 간단한 계산을 위하여 변형경화효과를 무시하고 산정하였다. WDP가 적용된 경우, WDP의 기여도를 추가할 수 있으나 강재보와의 용접상세를 고려하여 산정된 기여도의 절반만 포함한다(Kim and Engelhardt, 2002, EN 1993-1-8). 즉, $V_{sp} + V_{sp,WDP} = (0.6F_{y,sp}t_{sp}\alpha_{sp}h) + (0.6F_{y,wdp}t_{wdp}\alpha_{sp}h \times 0.5)$으로 산정할 수 있다. CP는 일반적으로 접합부 콘크리트 횡보강요소(또는 JH의 대체 보강요소)로서만 그 기여도를 고려하지만, 강재보와 충분히 일체거동하는 경우 강재패널과 유사한 저항기구를 형성하는 실험결과를 보였다(이은진, 2005). 이 지침에서는 이를 반영하여 BP 및 TB와 함께 적용되어 CP가 강재보와 충분히 일체거동하는 경우, 그 기여도를 추가할 수 있도록 허용한다. 즉, $V_{sp} + V_{sp,CP} = (0.6F_{y,sp}t_{sp}\alpha_{sp}h) + (0.6F_{y,CP}2t_{CP}\alpha_{sp}h)$으로 산정할 수 있다. 단, CP를 구조부재로 고려할 경우 내화피복 요구조건을 만족하여야 하며, 그렇지 않은 경우 CP의 전단강도 기여도는 고려하지 않는다.

③ 식 (7): V_{ic}의 최댓값을 제한하는 압축스트럿 끝단에서의 지압강도는 $2.0f_{ck}$의 지압응력이 $0.25b_id_j$ 영역에 작용한다고 가정하여 산정하였다. [해설 표 1]에 설명되어 있듯이, 내측패널 콘크리트 압축스트럿은 FBP의 지압에 의해 발생하며, 이에 따라 V_{ic}의 최댓값은 FBP의 상세에 의해 제한된다. FBP 상세에 따른 V_{ic}의 최댓값 $V_{ic,FBP}$는 FBP의 기하학적 구조, 경계조건, 재료강도, 지압응력의 분포 등에 의해 영향을 받으므로 정확한 산정이 매우 어렵다. 이에 Sheikh et al.(1987)은 전단과 휨에 대한 반경험식(Semiempirical Equations)을 제시하였다. 우선 이 지침 Ⅱ.3(2)에 따라 FBP가 콘크리트 지압에 의해 발생하는 전단과 휨에 대해 단면의 전 강도를 발휘할 수 있도록 강재보와 용접되어 있다고 전제한다. 전단의 경우, [해설 그림 3]에서 abc에 걸친 길이가 전단저항하고 bc의 길이가 $b_f/2$(즉, $ab = bc$)라고 가정하면, 전단파괴 시 지압력 V_{ic}(그림에서는 C_p에 해당)는 $F_{u,FBP}/\sqrt{3} \times t_{FBP} \times 2b_f$로 산정할 수 있다. 휨의 경우, 휨파괴 시 작용하는 등분포지압응력을 $C_1V_{ic}/(b_fd_w)$의 형태, 위험단면에 작용하는 휨모멘트를 $C_1V_{ic}/(b_fd_w) \times C_2b_f^2$의 형태(지압응력이 작용하는 높이를 d_w 대신 b_f의 상수배라고 가정), 위험단면에서의 휨강도를 $C_3F_{y,FBP}t_{FBP}^2$의 형태로 가정하면(휨저항하는 단면의 길이를 t_{FBP}^2의 상수배라고 가정), 휨파괴 시 지압력

V_{ic}는 $F_{y,FBP} \times (t_{FBP}/C_4)^2 \times d_w/b_f$의 형태로 나타낼 수 있다($C_1$, C_2, C_3, C_4는 임의의 상수). Sheikh et al.(1987)은 실험결과를 토대로 $C_4 = 0.2$를 제안하였으며, Deierlein et al.(1988)도 접근은 다르지만 유사한 식을 제안하였다. FBP 없이 WSP만 적용된 경우, [식 (7)]에서 h 대신 h_{SC}(SC의 단면깊이 또는 웨브보강판의 간격)를 사용한다: 즉, $V_{ic,WSP} = 1.7\alpha_c \sqrt{f_{ck}} b_i h_{SC}$.

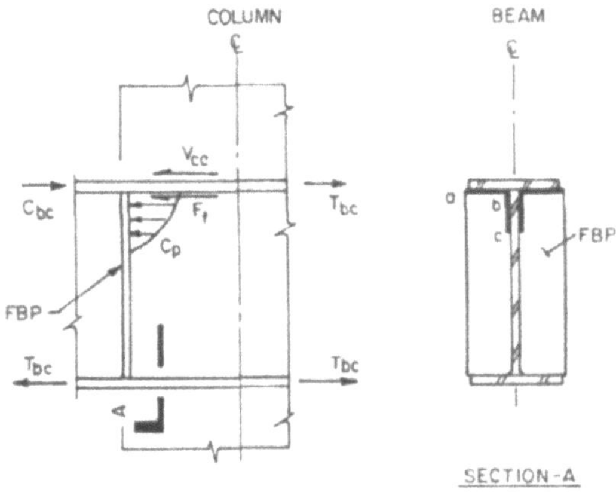

(a) FBP에 작용하는 하중

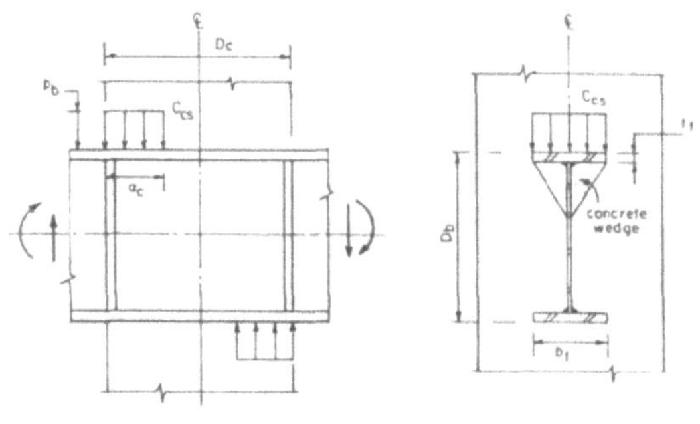

(b) 강재보 플랜지로부터 강재패널로의 하중전달

해설 그림 3. 상세에 따른 하중전달(Sheikh et al., 1987)

④ 식 (8): 모멘트지압강도는 ASCE 2015 Draft에 따른 것이며, b_j를 사용한 ASCE 1994와 달리, ASCE 2015 Draft에서는 지압파괴를 내측패널로만 국한하여 b_i를 사용하였다. β_1는 KDS 14 20 20 : 2022 「콘크리트구조 휨 및 압축 설계기준」 의 표 4.1-2에 따른다.

(5) 외측패널의 전단강도는 접합부 콘크리트 횡보강요소의 기여도 및 부착파괴강도를 더욱 명시적으로 반영하기 위하여 Kanno(1993) 및 Kanno and Deierlein(2002)의 제안식을 기본형태로 사용하였다. 앞서 설명한 바와 같이, 이 지침에서는 각 보강요소의 상세에 따라 RCS접합부의 성능을 결정할 수 있도록 각 하중저항기구 기여도의 최댓값을 해당 하중저항기구와 관련된 보강요소 상세의 함수로 규정하였다.

① 식 (9): ASCE 1994와 달리, ASCE 2015 Draft에서는 접합부 콘크리트 횡보강요소의 기여도를 직접적으로 반영하지 않았기 때문에, 이 지침에서는 Kanno(1993) 및 Kanno and Deierlein(2002)의 제안식을 기본형태로 사용하였다. 외측패널은 전단파괴 이전에 기둥 주철근의 부착파괴가 발생할 수 있으므로(ASCE, 1994; Kanno, 1993; Parra-Montesinos and Wight, 2000; Kanno and Deierlein, 2002; Cordova and Deierlein, 2005; Kathuria et al., 2015), 외측패널의 전단강도는 부착강도에 의해 제한된다. [해설 표 1]에 설명되어 있는 바와 같이, 외측패널의 압축장은 전단키(EFBP, SC, BP 등)의 직접지압 및 강재보와 평행한 기둥부 콘크리트 횡보강요소(CT 또는 BP)의 인장저항에 의해 유발되므로, V_{on}의 최댓값은 전단키 상세 및 기둥부 콘크리트 횡보강 상세에 의해서도 제한된다.

② 식 (10), (11): V_{oc}는 Kanno(1993) 및 Kanno and Deierlein(2002)에 따른 것이며, 내측패널에 대한 [식 (7)]과 비교하여 외측패널의 낮은 횡보강효과를 고려하여 계수가 작아졌다. V_{ot}는 접합부 콘크리트 횡보강요소(JH 또는 CP)의 수평방향 타이로서의 기여도이다.

③ 식 (12), (13), (14): $V_{on,EFBP}$, $V_{oc,SC}$, $V_{on,BPx}$는 $V_{ic,FBP}$와 유사한 방식으로 유도하였다. 다만 상수로서 $C_4=0.12$를 사용하고, 지압부 최대유효높이는 실험결과를 토대로 $0.25d_j$로 제한한 것이다(ASCE, 1994; Cordova and Deierlein, 2005; Kathuria et al., 2015).

④ 식 (15), (16): 기둥부 콘크리트 횡보강요소(CT 또는 BP)의 인장저항에 의한 기여도이다. 보와 평행한 BP의 수직스티프너가 단면을 완전히 관통하는 경우 인장저항이 가능하므로 A_{BP} 산정 시 포함할 수 있다.

⑤ 식 (17), (18): [식 (17)]은 Kanno(1993) 및 Kanno and Deierlein(2002)에 따른 것이며, [식 (18)]은 기둥 주철근의 직경을 제한함으로써 접합부 휨모멘트 전달 시 철근하중의 급격한 변화를 제어하여 기둥 주철근의 슬립에 의한 부착파괴를 방지하기 위한

것이다(ASCE, 1994; Cordova and Deierlein, 2005; Kathuria et al., 2015). 비록 반복하중 하에서 기둥 주철근의 슬립을 완벽하게 방지할 수는 없지만, [식 (18)]을 만족하는 경우 기둥 주철근의 슬립은 허용가능한 수준으로 제한된다(Parra-Montesinos and Wight 2000).

(6) KDS 14 20 10 : 2021 「콘크리트구조 해석과 설계 원칙」의 4.2.3(2)에 따라 ϕ_s =0.75, ϕ_b =0.65를 사용한다.

5 비선형 모델 및 허용기준

(1) 성능설계에서 RCS접합부의 강도산정은 II.4(강도)를 따른다. 단, 강도감소계수는 적용하지 않으며, 재료강도는 설계기준강도에 기대강도계수를 곱한 기대강도를 적용한다.

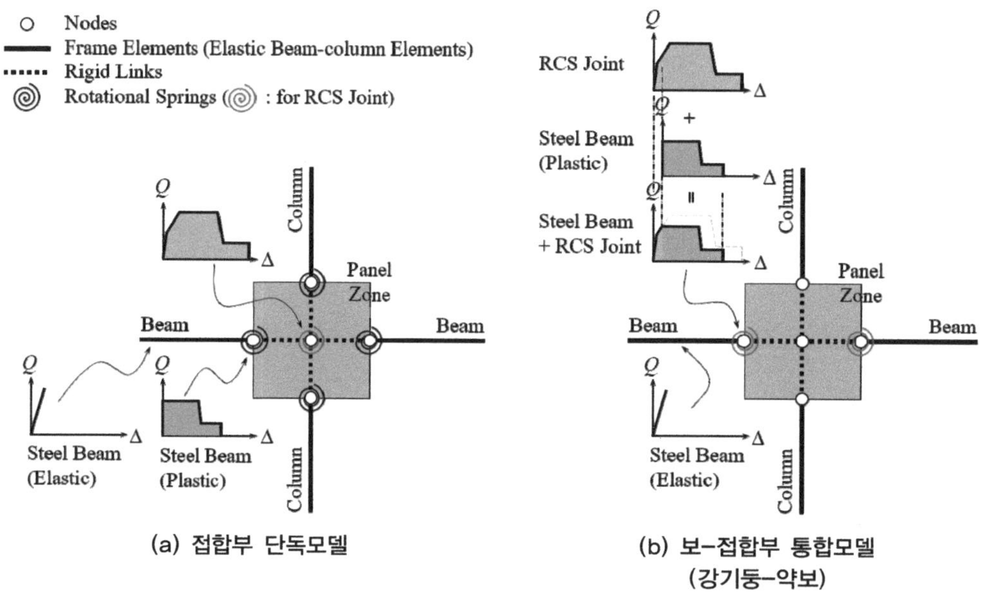

그림 6. 접합부 모델링

(2) RCS접합부를 단독으로 모델링하는 경우([그림 6(a)]), RCS접합부의 비선형 모델링은 [그림 7]에 따르며, 모델링 변수 및 허용기준은 [표 4]를 적용한다.

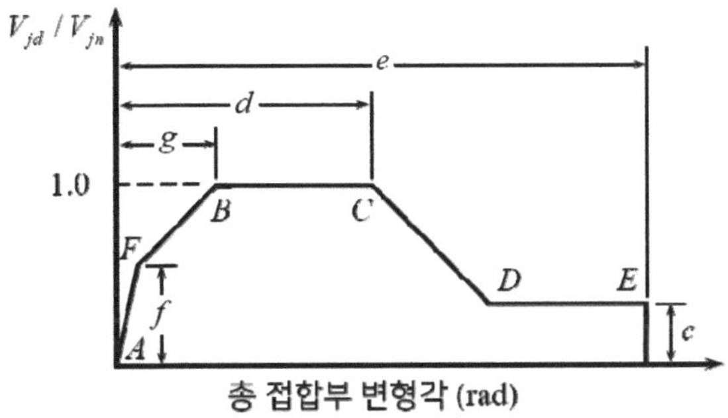

그림 7. RCS접합부의 비선형 모델링

표 4. RCS접합부 비선형 모델링 변수 및 허용기준

구분	모델링 변수[1]					허용기준 (총 접합부 변형각, rad)		
	총 접합부 변형각 (rad)			강도비		즉시 거주	인명 안전	붕괴 방지
	g	d	e	f	c			
RCS 접합부	0.01	$0.04\left(\frac{V_{jn}}{V_{jd}}-0.25\right)+0.02$ (단, $0.02 \le d \le 0.05$)	d+0.1	0.5	$\min\left\{\frac{V_{sp}}{V_{jn}};0.5\right\}$	0.002	$\frac{g+d}{2}$	d

[1]F점에 대응하는 총 접합부 변형각은 0.002 rad으로 하며,
D점에 대응하는 총 접합부 변형각은 $(d+e)/2$로 할 수 있다.

(3) 강기둥-약보 개념에 따라 설계되어 기둥이 탄성거동하는 경우, 모델링의 편의를 위하여 보 소성힌지 위치에 강재보와 RCS접합부의 거동을 통합하여 모델링할 수 있다(보-접합부 통합모델: [그림 6(b)] 및 이 실무매뉴얼 III 참조). 또한 강기둥-약보 개념에 따라 설계되고 접합부의 요구강도가 접합부 균열강도보다 작아([그림 7]에서 $f\,V_{jn}/V_{jd} \ge 1$인 경우) 기둥 및 접합부의 비선형변형이 제한적인 경우, 간단한 모델링을 위하여 접합부는 탄성으로 모델링할 수 있다.

(1) 강도설계(설계기준강도 적용)와 달리 비선형 해석에서는, 전체 시스템의 비선형 거동을 좀 더 정확하게 나타내기 위해 공칭강도나 하위항복강도를 대신하여 기대강도를 적용하는 것을 권장하고 있다(대한건축학회, 2021; 대한건축학회 및 한국콘크리트학회, 2021). 기대강도를 사용하면, 설계기준강도보다 구조물의 실제강도를 합리적으로 나타낼 수 있을 뿐만 아니라, 지진발생 시 실제로 발생할 수 있는 증가된 요구하중을 합리적으로 나타낼 수 있어서 전단파괴와 같은 취성파괴 메카니즘에 대하여 안전한 설계를 유도하는 역할을 한다(대한건축학회, 2021; 대한건축학회 및 한국콘크리트학회, 2021). 콘크리트, 철근, 강재의 대표적인 강도등급별 기대강도계수는 각각 [해설 표 3], [해설 표 4], [해설 표 5]와 같다(대한건축학회, 2021; 대한건축학회 및 한국콘크리트학회, 2021).

해설 표 3. 콘크리트의 기대강도계수

재료 특성	설계기준압축강도	기대강도계수
콘크리트 압축강도 (f_{ck})	21 MPa 이하	1.2
	21 MPa 초과~40 MPa 이하	1.1
	40 MPa 초과	1.0

해설 표 4. 철근의 기대강도계수 및 인장강도-항복강도 비

구분	기호	기대강도계수	기대인장강도/기대항복강도
일반용	SD400	1.17	1.26
	SD500	1.13	1.23
	SD600	1.11	1.19
내진용	SD400S	1.15	1.28
	SD500S	1.12	1.32
	SD600S	1.08	1.28

해설 표 5. 강재의 종류별 기대항복강도계수 R_y 및 기대인장강도계수 R_t

적용		R_y	R_t
구조용 압연형강 및 냉간가공재	KS D 3503 SS275 KS D 3530 SSC275 KS D 3558 SWH275 KS D 3566 SGT275 KS D 3568 SRT275 KS D 3632 SNT275, SNT355	1.2	1.2

	KS D 3515 SM275, SM355, SM420 KS D 3864 SNRT295E, SNRT275A, SNRT355A	1.2	1.2
	KS D 3861 SN275, SN355 KS D 3866 SHN275, SHN355	1.1	1.1
플레이트	KS D 3503 SS275	1.2	1.2
	KS D 3515 SM355, SM355TMC, SM420, SM420TMC, SM460, SM460TMC, KS D 3529 SMA275, SMA355	1.2	1.2
	KS D 3861 SN275, SN355 KS D 5994 HSA650	1.1	1.1

(2) RCS접합부에 대해 여러 연구자들이 비선형 모델을 제안하였다(Deierlein et al., 1988; Kanno, 1993; El-Tawil et al., 1997; Parra-Montesinos, 2000; Liang and Parra-Montesinos, 2004; Nishiyama et al., 2004; Cordova and Deierlein, 2005; Alizadeh et al., 2015). RCS접합부는 상세에 따라 복잡한 거동특성을 보이므로 기존의 비선형 모델은 실험결과에 기반한 반경험식이며, 전단파괴 및 수직지압파괴로 구분하여 파괴모드별로 별도의 비선형 모델을 제안한 경우도 있다(Kanno, 1993; El-Tawil et al., 1997; Cordova and Deierlein, 2005). 이 지침에서는 간단한 모델링을 위하여, 전단(접합부 전단변형)과 수직지압(강재보의 강체회전)에 의한 변형을 통합한 총 접합부 변형각(Total Joint Distortion)의 함수로 비선형 모델을 제시하였다. [그림 7]에서 F점(0.002 rad)과 B점(0.01 rad)은 각각 대각균열 발생시점과 최대강도 발현시점이며, C점, D점, E점은 각각 강도저감 발생시점, 잔류강도 발현시점, 완전 붕괴시점을 나타낸다. 참고로 기존의 비선형 모델에서는 대부분 강도저감을 고려하지 않았거나, 수직지압파괴에 대해서만 강도저감을 고려하였다. 하지만 기존 실험결과를 보면 전단파괴가 지배적인 실험체에서도 큰 변형 하에서 수직지압파괴가 동반되었다. 이 점을 감안하여, 총 접합부 변형각의 함수로 비선형 모델을 제안한 이 지침에서는 강도저감을 고려하였다. 모델링 변수와 관련해서는, F점과 B점의 정의는 Deierlein et al.(1988) 모델을 따랐고, C점은 실험결과로부터 강도저감 시점에 대응하는 소성변형의 값(BC구간, 즉, $d-g$)을 추출한 후 접합부 보유강도(Strength-capacity)에 대한 요구강도(Strength-demand)의 비인 V_{jn}/V_{jd}의 함수로 정의하였다([해설 그림 4] 참조). E점의 정의는 Cordova and Deierlein(2005)의 모델을 참고하되, 보수적으로 접합부 전체강도에 대한 강재패널만의 강도의

비(V_{sp}/V_{jn})와 접합부 전체강도의 50% 중 작은 값을 잔존강도로 가정하였다. 보수적으로 변형경화 등에 따른 BC구간에서의 강도증가는 고려하지 않았으며, [표 4]의 허용기준은 Sheikh et al.(1987) 및 Deierlein et al.(1988)의 제안값을 참고하되 보수적으로 정의하였다.

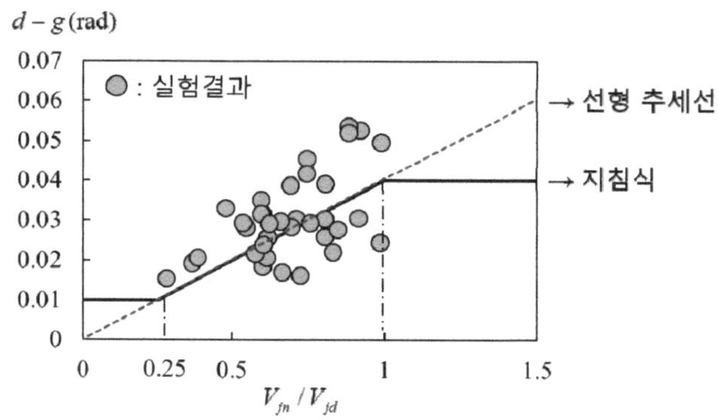

해설 그림 4. 접합부 강도-요구비에 따른 강도저감 시점의 정의

참고로 [해설 그림 4]에서 RCS접합부의 소성변형은 정방향과 부방향 소성변형의 평균값을 적용하였다. 이는 정방향 또는 부방향 중 한쪽에서만 파괴가 발생한 상태에서 실험을 종료한 경우, 파괴되지 않은 방향에 대해서는 실제보다 소성변형능력이 과소평가될 수 있기 때문이다. 한편, [해설 그림 4]에서 지침식보다 아래쪽에 위치한 실험결과는 실험장비의 제한 등으로 인해 RCS접합부의 강도저감이 발생하는 층간변위비까지 충분히 실험을 진행하지 않고 조기종료한 경우이다. 모델식 개발 시 이러한 실험체까지 포함한 이유는, 기존 실험체의 대부분이 ASCE 1994 요구상세 등을 준수하여 변형능력이 우수하였고, 이러한 실험체를 제외할 경우 검증에 활용될 수 있는 실험체가 극히 제한적이었기 때문이다. 이 지침에서 제시한 비선형 모델링 변수로 산정한 포락곡선은 Ⅲ.3에서 검증하며, [그림 10]에 나타난 바와 같이, 이 지침의 모델은 이력곡선상의 하중저감 시점을 안전측으로 잘 예측한다.

(3) 기본적으로 이 지침의 RCS접합부 모델은 접합부 단독으로 모델링하는 경우를 대상으로 구성하였다([그림 6(a)]). 하지만 실제 건축구조물에는 상당한 수의 접합부가 있으므로, 접합부에 대해 일일이 별도의 소성힌지를 모델링하는 것은

실무적으로 어렵다. 이에 따라 강기둥-약보 개념에 따라 설계되어 기둥이 탄성거동하는 경우에는, 보의 소성힌지 위치에 강재보와 RCS접합부의 소성거동을 합쳐 하나의 소성힌지로 모델링하는 것이 현실적이며, 이러한 강재보와 RCS접합부의 통합 모델링은 이 실무매뉴얼 Ⅲ에 제시되어 있다. 참고로 강재보가 RC기둥을 관통하는 보 관통형 RCS접합부에서는 그 구성상, 강재보는 대경간을 지지하고 큰 에너지소산능력을 발휘하도록 설계되며 RC기둥은 상대적으로 크기가 크고 큰 축력에 저항하도록 설계되므로, 강기둥-약보 개념으로 설계되는 경우가 많아 강재보와 RCS접합부의 통합 모델링이 유효한 경우가 대부분이다. 추가적으로, 보의 강도에 대응하는 전단력이 기둥의 강도에 대응하는 전단력보다 작고 또한 기둥의 크기가 커서 접합부의 손상이 억제되는 경우(즉, 접합부에 작용하는 전단력이 접합부의 대각균열 시 전단력보다 작은 경우)에는 접합부는 탄성체로 모델링할 수 있다. 이 지침에서 제안한 비선형 모델을 검증하기 위하여 다양한 상세를 가진 실험결과와 비교하였으며, 검증에 사용된 실험체 상세 및 검증결과는 이 실무매뉴얼 Ⅲ을 참고한다.

III

RCS접합부 비선형 모델의 검증

1 RCS접합부 실험데이터

RCS접합부 비선형 모델의 검증에 사용된 실험체는 총 59개로서, 각 실험체의 상세는 [표 5]와 같다. 검증대상은 강재보(H형강), 철근콘크리트기둥, 보 관통형 RCS접합부로 구성된 복합골조 실험체 중 참고문헌을 통해 실험체의 상세 및 파괴모드가 비교적 정확히 확인가능하고 강재보 또는 RCS접합부에서 파괴가 발생한 실험체로 제한하였다. 다만 콘크리트 슬래브와 H형강 보로 구성된 합성보가 적용된 실험체(Parra-Montesinos et al., 2003: 합성보의 휨강도는 ANSI/AISC 360-16에 따라 산정)와 기둥 관통형의 특성을 가진 실험체(Dung Le et al., 2020: 기둥이 보를 관통하는 것은 아니지만, 기둥 속에 매입된 SC가 연속적으로 배치되어 있고 강재보는 이 SC의 플랜지에 접합되어 있어, 통상적인 보 관통형 또는 기둥 관통형 RCS접합부로 정의하기 힘든 경우)도 비교를 위해 검증에 일부 포함하였다.

이 실무매뉴얼은 강기둥-약보 거동을 하는 RCS접합부를 대상으로 하므로, 명시적으로 기둥파괴가 발생한 실험체(Kanno(1993)의 OJB3-0 및 이은진(2005)의 실험체 등)는 검증에서 제외하였다. 참고로 기둥의 파괴는 휨파괴, 전단파괴, 지압파괴 등이 발생가능하며, 이 중 기둥의 지압파괴는 접합부의 수직지압파괴와 거동특성이 유사하여 이력곡선 상으로는 큰 차이가 없다. 하지만 접합부 수직지압파괴의 경우 지압파괴부가 강재보 단면폭으로 국한되는 반면, 기둥의 지압파괴는 지압파괴부가 기둥 단면폭으로 확대된다는 점이 다르다(Kanno, 1993).

검증에 사용된 실험체의 설계변수를 정리하면 다음과 같다.

- 접합부 형상비: $1.00 \le h/d \le 1.80$
- 콘크리트 압축강도: $24.5 \le f_{ck} \le 102$ MPa
- 강재 항복강도: $248 \le F_y \le 479$ MPa
- 철근 항복강도: $418 \le f_y \le 563$ MPa

표 5. RCS접합부 실험체 상세

저자	실험체[1] (총 59개)	주요 상세[2]															$\frac{V_{jn}}{V_{jd}}$	파괴 모드[3]
		연속/단부	h/d	f_{ck} (MPa)	F_y (MPa)	f_y (MPa)	주요 실험변수: FBP	JH	CT	EFBP	SC	VJR	BP	CP	TB	기타		
Sheikh et al. (1987)	(a)–1: Specimen 1	연속	1.25	24.5	386	429	없음	○	○								0.60	J
	(a)–2: Specimen 2	연속	1.25	24.5	386	429	○	○	○								0.60	J
	(a)–3: Specimen 3	연속	1.14	31.0	349	453	없음	○	○								0.28	J
	(a)–4: Specimen 4	연속	1.14	29.6	349	453	○	○	○								0.62	J
	(a)–5: Specimen 5	연속	1.14	29.6	406	453	○	○	○								0.62	J
	(a)–6: Specimen 6	연속	1.14	29.6	349	453	이격	○	○							WDP	0.59	J
	(a)–7: Specimen 7	연속	1.14	27.6	406	453	광폭	○	○								0.59	J
	(a)–8: Specimen 8	연속	1.14	24.8	406	531	○	○	○							EFBP의 수직스티프너가 외측	0.61	J
	(a)–9: Specimen 9	연속	1.14	25.5	406	531	○	○	○							웨브구멍 (V_{sp} 무시)	0.48	J
Deierlein et al. (1988)	(b)–1: Specimen 10	연속	1.13	32.4	338	445	분할	○	○								0.54	J
	(b)–2: Specimen 11	연속	1.13	32.4	338	445	○	○	○			○				WDP	0.63	J
	(b)–3: Specimen 12	연속	1.13	34.5	338	445	없음	○	○			○ (스터드)					0.36	J
	(b)–4: Specimen 13	연속	1.13	34.5	338	445	○	○	○			○ (스터드)					0.71	J
	(b)–5: Specimen 14	연속	1.13	28.3	338	445	없음	○	○		○					FBP 대신 WSP	0.38	J
	(b)–6: Specimen 15	연속	1.13	28.3	338	445	○	○	○		○						0.58	J
	(b)–7: Specimen 16	연속	1.13	26.2	383	445	○	○									0.53	J
	(b)–8: Specimen 17	연속	1.13	26.9	338	445	○	○	○		○	○					0.60	J
Kanno (1993)	(c)–1: OB1–1	연속	1.14	41.2	414	552	○	○	○							WDP, 축력	1.54	B
	(c)–2: OBJS1–1	연속	1.14	41.2	414	552	○	○	○							축력	1.54	B
	(c)–3: OBJS2–0	연속	1.14	45.4	359	572	○	○	○			○				축력	1.64	B–J

	(c)-4: OJS1-1	연속	1.14	41.2	407	552	○	○	○							축력	1.46	J
	(c)-5: OJS2-0	연속	1.77	42.6	407	552	○	○	○		○ (짧음)						0.92	J
	(c)-6: OJS3-0	연속	1.14	42.6	414	572	○	○	○			○					0.80	J
	(c)-7: OJS4-1	연속	1.14	42.6	414	573	○	○	○			○				축력	0.80	J
	(c)-8: OJS5-0	연속	1.14	48.3	414	574	○	○				○	○				0.91	J
	(c)-9: OJS6-0	연속	1.14	48.3	414	575	○	○	○			○					0.75	J
	(c)-10: OJS7-0	연속	1.14	48.3	414	512	○	○ (독립 후프근)	○	○					○		0.74	J
	(c)-11: HJS1-0	연속	1.14	102.0	414	552	○	○	○								0.99	J
	(c)-12: HJS2-0	연속	1.14	102.0	414	552	○	○	○								0.88	J
	(c)-13: HJS3-0	연속	1.14	102.0	414	552	○		○	○				○			0.88	J
	(c)-14: OJB1-0	연속	1.14	48.7	407	552	○	○	○		○						0.69	J
	(c)-15: OJB2-0	연속	1.14	48.5	414	552	○	○	○								0.75	J
	(c)-17: OJB4-0	연속	1.14	48.5	407	552	광폭	○	○		○						0.69	J
	(c)-18: OJB5-0	연속	1.14	46.0	407	572	○	○	○		○	○					0.81	J
	(c)-19: OJB6-1	연속	1.14	46.0	407	552	○	○	○		○					축력	0.66	J
Parra-Montesinos (2000)	(d)-1: Specimen 1	단부	1.66	43.4	345	563	○	○	○		○					축력	1.09	J
	(d)-2: Specimen 2	단부	1.80	42.6	345	563	○	○	○		○					축력	1.28	B-J
	(d)-3: Specimen 3	단부	1.66	55.0 (SFRC)	345	562	○	○			○					축력	1.05	J-B
	(d)-4: Specimen 4	단부	1.66	51.0	345	563	○	○	○		○	○				축력	1.12	J-B
	(d)-5: Specimen 5	단부	1.66	39.5	345	562	○		○		○			○		축력	1.08	J-B
	(d)-6: Specimen 6	단부	1.12	29.6	381	475	○	○	○		○					축력	0.72	J
	(d)-7: Specimen 7	단부	1.12	45.2	381	447	○	○			○		○			축력	1.00	J-B
	(d)-8: Specimen 8	단부	1.12	79.3 (ECC)	381	475	○		○							축력	0.98	J-B
	(d)-9: Specimen 9	단부	1.12	29.0	345	435	○				○		○		○	축력	0.85	J
Parra-Montesinos et al. (2003)	(e)-1: Specimen 1	연속	1.25	38.6	345	420	○	○	○		○					축력, 합성보	0.95	J-B
	(e)-2: Specimen 2	연속	1.25	40.7	345	420	○		○				○		○	축력, 합성보	1.32	J-B

Cheng and Chen (2005)	(f)–1: ICLC	연속	1.09	52.4	479	443	○	○					○		○	축력	1.62	B–J
	(f)–2: INUC	연속	1.09	54.3	479	443	○	○					○			축력	1.64	B–J
	(f)–3: ICSC	연속	1.09	42.7	479	443	○	○					○		○	축력	1.43	B–J
Alizadeh et al. (2015)	(g)–1: Specimen 1	연속	1.33	50.8	363	523	○	○					○			WDP, 축력	1.25	B–J
	(g)–2: Specimen 2	연속	1.33	50.8	363	523	광폭	○					○			축력	1.25	B–J
Lee et al. (2019)	(h)–1: TF6	연속	1.33	40.4	443	539	○	○	○						○		1.10	B–J
	(h)–2: TF16	연속	1.33	40.4	386	539	○	○							○		1.15	B–J
	(h)–3: SF6	연속	1.33	40.4	443	539	○	○	○			○ (스터드)					1.10	B–J
	(h)–4: F16	연속	1.33	40.4	386	539	○	○	○								1.15	B–J
Fargier-Gabald n et al. (2020)	(i)–1: 1W	단부	1.13	32.0	393	420	○	○			○					축력	0.83	J
	(i)–2: 2W	단부	1.13	33.0	441	420	○		○				○		○	축력	0.90	J
Dung Le et al. (2020)	(j)–1: SC1	단부	1.00	45.2	305	520	없음	○	○		○					FBP 대신 WSP, SC가 길고 연속(VJR처럼 거동), 강재보가 SC에 연결, 축력	1.09	J
	(j)–2: SC2	단부	1.00	45.2	305	520	없음	○	○		○					상동, WDP	1.34	J

1)실험체명 앞의 기호는 [그림 10]에 대한 참조

2)재료강도는 각 실험체에 사용된 값 중 최댓값이며, 각 보강요소의 상세는 해당 참고문헌 참조

3)B는 보 파괴, J는 접합부 파괴(대각균열 포함)이며, 파괴모드는 각 참고문헌에서 특정한대로 정리

2 RCS접합부 모델링

(1) RCS접합부 모델링

Ⅱ.5장(비선형 모델 및 허용기준)에서 서술한 바와 같이, 이 실무매뉴얼에서는 2가지 접합부 모델링 방법을 제시한다.

첫 번째 모델링 방법은 통상적인 방식으로서, 강재보와 RCS접합부를 별도로 모델링하는 방법이다([그림 6(a)]). 이 경우, 강재보는 탄성 보-기둥 요소(강재보의 탄성거동 반영) 및 단부 회전스프링(기둥면에 접하는 강재보의 단부에 집중형 힌지모델을 적용하여 강재보의 소성거동 반영)을 사용하여 모델링하고, 접합부는 패널존 중앙절점에 회전스프링([그림 7]의 전 거동 반영)을 사용하여 모델링한다.

두 번째 모델링 방법은 보-접합부 통합모델이다([그림 6(b)]). 실제 건축구조물에는 상당한 수의 접합부가 있으므로, 접합부에 대해 일일이 별도의 회전스프링을 모델링하는 것은 실무적으로 어렵다. 이에 따라 강기둥-약보 개념에 따라 설계되어 기둥이 탄성거동하는 경우에는, 보의 소성힌지 위치에 강재보와 RCS접합부의 소성거동을 합쳐 하나의 소성힌지로 모델링하는 것이 현실적이다. 이 경우에도 강재보는 탄성 보-기둥 요소 및 단부 회전스프링을 사용하여 모델링하며, 다만 강재보의 단부 회전스프링에 강재보의 소성거동 및 RCS접합부의 전 거동을 통합하여 모델링한다. 이때 패널존은 강체로 모델링한다.

(2) 보-접합부 통합모델의 적용

강기둥-약보 개념에 따라 기둥이 탄성거동하도록 설계된 RCS 복합골조의 거동은 보만 소성거동하거나, 접합부만 소성거동하거나, 보와 접합부가 모두 소성거동하는 3가지 경우로 분류할 수 있다. 하지만 RCS접합부는 상세에 따라 복잡한 거동특성을 보이고 상세도 다양하므로, 보와 접합부가 동시에 소성거동하는 경우에 대해 보와 접합부의 소성거동 참여비를 정확히 정의하는 것은 매우 어렵다. 이에 따라 강기둥-약보 거동을 하는 RCS접합부를 대상으로 하는 이 실무매뉴얼에서는, [그림 7]의 RCS접합부의 비선형 모델링 및 접합부 보유강도에 대한 요구강도의 비 V_{jn}/V_{jd}(V_{jd}는 [식 (1)]에 따른 보의 소성휨강도에 대응하는 접합부의 요구강도, V_{jn}은 [식 (4)]에 따른 접합부의 보유강도)를 기준으로, RCS 복합골조의 거동을 다음과 같은 3가지 경우로 간단히 분류한다([그림 8] 참조).

- Case 1: 접합부 요구강도가 접합부 대각균열강도보다 작은 경우
  (즉, $f V_{jn} / V_{jd} \ge 1$, 여기서 f는 [표 4] 참조), 보만 소성거동하는 것으로 가정
- Case 2: 접합부 요구강도가 접합부 대각균열강도보다 크지만 접합부 보유강도보다는 작은 경우(즉, $f V_{jn} / V_{jd} < 1$이고 $V_{jn} / V_{jd} \ge 1$), 접합부 균열 후 보만 소성거동하는 것으로 가정
- Case 3: 접합부 요구강도가 접합부 보유강도보다 큰 경우(즉, $V_{jn} / V_{jd} < 1$), 접합부만 소성거동하는 것으로 가정

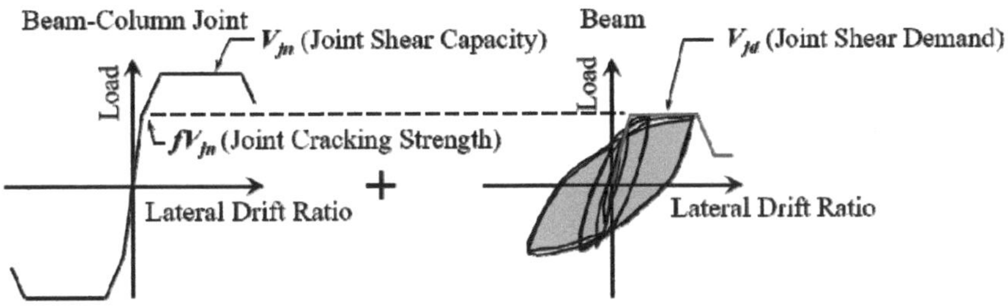

(a) Case 1 ($f V_{jn} / V_{jd} \ge 1$)

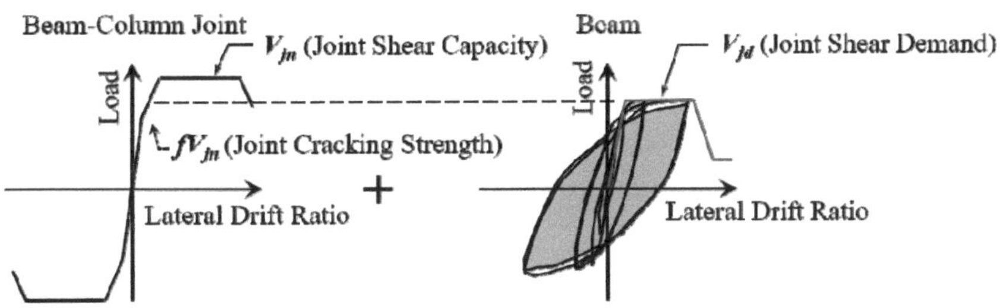

(b) Case 2 ($f V_{jn} / V_{jd} < 1$이고 $V_{jn} / V_{jd} \ge 1$)

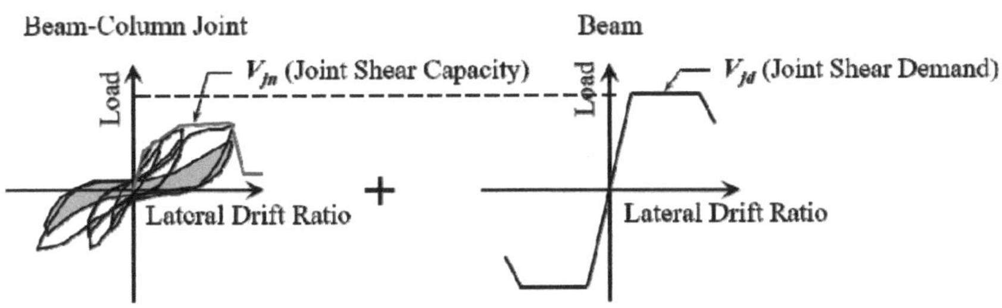

(c) Case 3 ($V_{jn} / V_{jd} < 1$)

그림 8. RCS 복합골조의 거동 분류

보가 소성거동하는 Case 1과 Case 2의 경우 강재보의 비선형 모델링이 필요하며, 강재보의 소성거동은 기존 시설물(건축물) 내진성능 평가요령(국토교통부, 국토안전관리원 2021) 및 ASCE/SEI 41-17 등에 따라 모델링할 수 있다([그림 9] 및 [표 6] 참조).

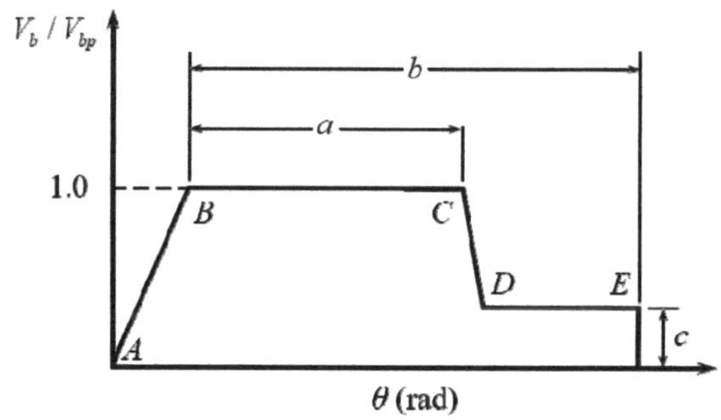

그림 9. 강재보의 비선형 모델링
(국토교통부, 국토안전관리원 2021, ASCE/SEI 41-17)

표 6. 강재보 비선형 모델링 변수 및 허용기준(국토교통부, 국토안전관리원 2021, ASCE/SEI 41-17)

구분[1]	모델링 변수			허용기준 (소성회전각, rad)		
	소성회전각[3] (rad)		잔류 강도비	즉시 거주	인명 안전	붕괴 방지
	a	b	c			
$\frac{b_f}{2t_f} \le 0.30\sqrt{\frac{E_s}{F_{ye}}}$ 이고 $\frac{d}{t_w} \le 2.45\sqrt{\frac{E_s}{F_{ye}}}$	$9\theta_y$[2]	$11\theta_y$	0.6	θ_y	$9\theta_y$	$11\theta_y$
$\frac{b_f}{2t_f} \ge 0.38\sqrt{\frac{E_s}{F_{ye}}}$ 또는 $\frac{d}{t_w} \ge 3.76\sqrt{\frac{E_s}{F_{ye}}}$	$4\theta_y$	$6\theta_y$	0.2	$0.25\theta_y$	$3\theta_y$	$4\theta_y$

[1] 사이값은 직선보간

[2] $\theta_y = \frac{M_{pe} L_{bs}(1+\eta)}{6E_s I_s}$, $M_{pe} = F_{ye} Z_s$ (F_{ye} = 강재의 기대항복응력, Z_s = 강재보의 소성단면계수), $\eta = \frac{12E_s I_s}{L_{bs}^2 G_s A_w}$, $G_s = \frac{E_s}{2(1+\nu)}$ (ν = 강재의 푸아송비), $A_w = t_w(d-2t_f)$

[3] C점과 D점 사이에서의 급작스런 강도저감으로 인해 수치해석상 안정성이 저해되는 것을 방지하기 위해 ASCE/SEI 41-17에서는 C점과 D점 사이의 구배로 1/10 정도를 권장하므로, D점에 대응하는 소성회전각을 간단히 a와 b의 중간으로 가정함.

(3) 엑셀을 활용한 보-접합부 통합모델

RCS접합부 비선형 모델 및 보-접합부 통합모델을 검증하기 위하여, RCS 복합골조에 적용한다. 이 실무매뉴얼에서는 실무자들의 이해를 돕고자, 상용해석프로그램 대신 엑셀을 활용하였으며, 이에 따라 RCS 복합골조의 탄성변형을 산정할 필요가 있다. RCS 복합골조의 총 층간변위비 δ_t는 철근콘크리트기둥, 강재보, RCS접합부의 기여도 δ_c, δ_b, δ_j를 합하여 산정할 수 있으며, 이에 따라 총 탄성층간변위비 $\delta_{t,e}$는 [식 (19)]와 같이 산정된다.

$$\delta_{t,e}=\delta_{c,e}+\delta_{b,e}+\delta_{j,e}=2\frac{V_{c,e}H_{cs}^3}{3E_cI_c}\frac{1}{H_c}+\lambda\frac{V_{b,e}L_{bs}^3}{3E_sI_b}\frac{1}{L_b}+\lambda\theta_{j,e}L_{bs}\frac{1}{L_b} \qquad (19)$$

여기서 H_{cs}와 L_{bs}는 각각 기둥과 보의 전단경간, E_c와 I_c는 콘크리트의 탄성계수 및 철근콘크리트기둥의 유효단면2차모멘트, λ는 접합부 위치에 따른 계수(연속접합부는 2, 단부접합부는 1), E_s와 I_b는 강재의 탄성계수 및 강재보의 단면2차모멘트, $V_{c,e}$, $V_{b,e}$, $\theta_{j,e}$는 각각 탄성한계에 대응하는 기둥 전단력, 보 전단력, 접합부 변형각이다. E_c는 KDS 14 20 10 : 2021 「콘크리트구조 해석과 설계 원칙」에 따라 [식 (20)]으로 산정할 수 있고, I_c는 ASCE/SEI 41-17에 따라 [식 (21)]로 산정할 수 있으며(내부 강재기둥 SC가 기둥 전 길이에 걸쳐 배치되어 있는 경우에는 SC의 기여도를 고려할 수 있음), $\theta_{j,e}$는 [그림 7] 및 [표 4]에 따라 산정할 수 있다(Case별로 [표 7]에 별도 제공).

$$E_c=8{,}500\sqrt[3]{f_{ck}+\Delta f} \qquad (20)$$

(Δf는 f_{ck}가 40 MPa 이하이면 4 MPa, 60 MPa 이상이면 6 MPa이며, 그 사이는 직선보간)

$$I_c=\alpha\frac{bh^3}{12}\ (\text{단, } 0.3\le\alpha=0.2+p\le0.7\text{이고, } p=\frac{P_u}{f_{ck}bh}=\text{ 축력비}) \qquad (21)$$

RCS접합부에 대한 비선형 모델([그림 7] 및 [표 4])과 강재보에 대한 비선형 모델([그림 9] 및 [표 6])을 적용하여 RCS 복합골조 비선형 모델링 방법을 정리하면 [표 7]과 같다. 참고로 상용해석프로그램을 사용하고 보-기둥 요소를 활용하여 보와 기둥의 탄성거동을 별도로 모델링하는 경우에는, [표 7]에서 보와 기둥의 탄성변형을 제외하여 적용한다.

표 7. RCS 복합골조 비선형 모델링

구분	비선형 모델링[1]		
	성능점	총 층간변위비, δ_t	접합부 전단력, V_j
Case 1	B	$\delta_{t,B}$: [식 (19)]에서 $V_{c,e}=\frac{L_b}{H_c}V_{bp}$, $V_{b,e}=V_{bp}$, $\theta_{j,e}=\frac{0.002}{f_j V_{jn}}V_{j,bp}$	$V_{j,bp}$
	C	$\delta_{t,B}+\lambda a_b\frac{L_{bs}}{L_b}$	$V_{j,bp}$
	D	$\delta_{t,B}+\lambda\left(\frac{a_b+b_b}{2}\right)\frac{L_{bs}}{L_b}$	$c_b V_{j,bp}$
	E	$\delta_{t,B}+\lambda b_b\frac{L_{bs}}{L_b}$	$c_b V_{j,bp}$
Case 2	F	$\delta_{t,F}$: [식 (19)]에서 $V_{c,e}=\frac{f_j V_{jn}}{1-d_j/H_c-h/L_b)H_c/d}$, $V_{b,e}=\frac{H_c}{L_b}V_{c,e}$, $\theta_{j,e}=0.002$	$f_j V_{jn}$
	B	$\delta_{t,B}$: [식 (19)]에서 $V_{c,e}=\frac{L_b}{H_c}V_{bp}$, $V_{b,e}=V_{bp}$, $\theta_{j,e}=0.002+\frac{V_{j,bp}-f_j V_{jn}}{V_{jn}-f_j V_{jn}}(g_j-0.002)$	$V_{j,bp}$
	C	$\delta_{t,B}+\lambda a_b\frac{L_{bs}}{L_b}$	$V_{j,bp}$
	D	$\delta_{t,B}+\lambda\left(\frac{a_b+b_b}{2}\right)\frac{L_{bs}}{L_b}$	$c_b V_{j,bp}$
	E	$\delta_{t,B}+\lambda b_b\frac{L_{bs}}{L_b}$	$c_b V_{j,bp}$
Case 3	F	$\delta_{t,F}$: [식 (19)]에서 $V_{c,e}=\frac{f_j V_{jn}}{1-d_j/H_c-h/L_b)H_c/d}$, $V_{b,e}=\frac{H_c}{L_b}V_{c,e}$, $\theta_{j,e}=0.002$	$f_j V_{jn}$
	B	$\delta_{t,B}$: [식 (19)]에서	V_{jn}

		$V_{c,e} = \dfrac{V_{jn}}{1-d_j/H_c - h/L_b)H_c/d}$, $V_{b,e} = \dfrac{H_c}{L_b}V_{c,e}$, $\theta_{j,e} = g_j$	
	C	$\delta_{t,B} + \lambda(d_j - g_j)\dfrac{L_{bs}}{L_b}$	V_{jn}
	D	$\delta_{t,B} + \lambda\left(\dfrac{d_j + e_j}{2} - g_j\right)\dfrac{L_{bs}}{L_b}$	$c_j V_{jn}$
	E	$\delta_{t,B} + \lambda(e_j - g_j)\dfrac{L_{bs}}{L_b}$	$c_j V_{jn}$

1) 밑첨자 j가 붙은 모델링 변수는 [표 4], 밑첨자 b가 붙은 모델링 변수는 [표 6] 참조

3 비선형 모델의 검증

검증을 위하여 실험결과와 RCS 복합골조 비선형 모델링을 비교하였다. [그림 10]은 제시된 비선형 모델링과 실험결과를 비교한 것이다. 정량적인 평가를 위하여 최대강도와 초기강성을 비교하였다. 실험체의 초기강성은 포락곡선상 원점에서 최대강도의 75%에 해당하는 지점까지의 할선강성으로 정의하였으며(Park, 1989), [표 8]에 정방향에 대한 실험값과 예측값, 그리고 실험값에 대한 예측값의 비율을 정리하였다. 실험값에 대한 예측값의 비율을 보면, 최대강도의 경우 평균과 표준편차가 0.95±0.18이었고, 초기강성의 경우 1.13±0.39이었다. 상대적으로 초기강성에 대한 정확도가 낮은(다소 과대평가 및 큰 산포도) 이유는 RCS 복합골조 비선형 모델링 시 적용한 기둥의 유효휨강성([식 (23)])이 실제 실험결과와 다소 차이가 있었기 때문으로 판단된다. 참고로 강도저감 시점은 실험결과로부터 정의하였기 때문에([해설 그림 4] 참조) 별도로 정량평가를 하지 않았으며, 대부분의 실험에서 충분한 층간변위비까지 실험을 진행하지 않았기 때문에 강도저감 이후의 거동에 대해서는 정량적인 평가를 하기 어렵다. 특히 [그림 10]에서 일부 실험체에 대해 비선형 모델링이 변형성능을 과도하게 평가하는 것으로 보이는 것은, 해설 5(2)에서 언급한 바와 같이, 정방향 또는 부방향 중 한쪽 방향에서만 파괴가 발생한 상태에서 실험을 종료하거나, 실험장비의 제한 등으로 인해 RCS접합부의 강도저감이 발생하는 층간변위비까지 충분히 실험을 진행하지 않고 조기종료하였기 때문이다.

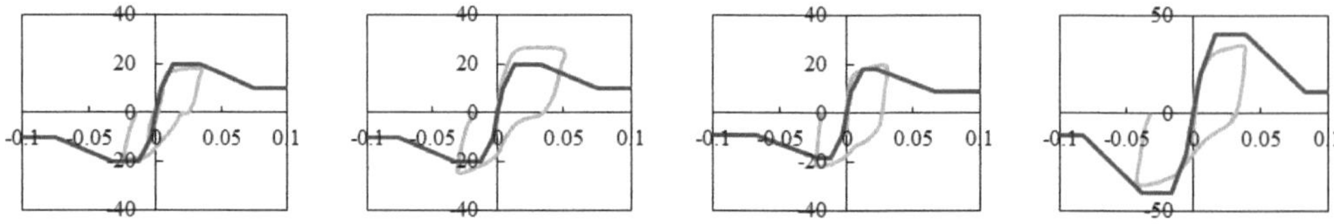

(a)-1 (a)-2 (a)-3 (a)-4

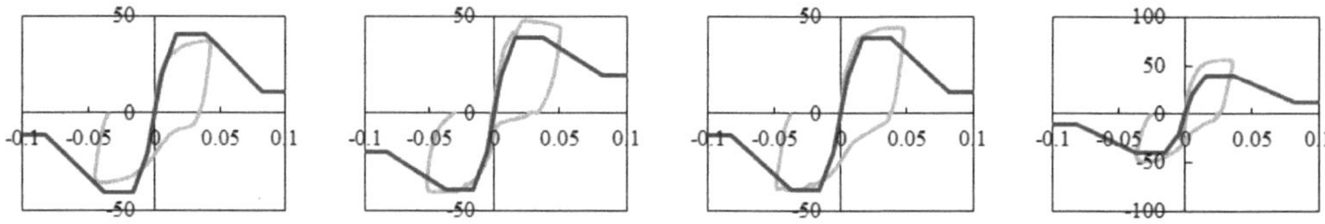

(a)-5 (a)-6 (a)-7 (a)-8

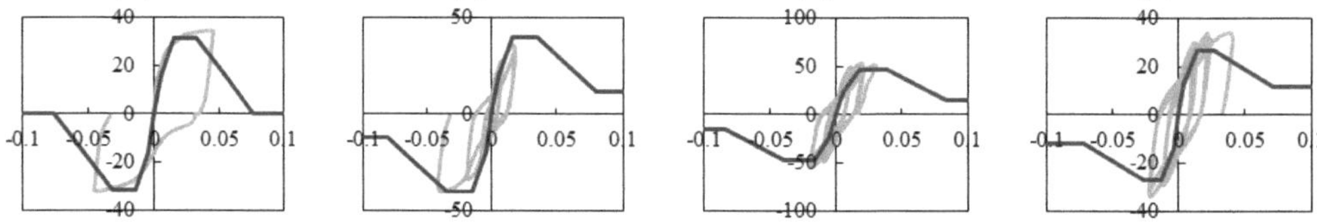

(a)-9 (b)-1 (b)-2 (b)-3

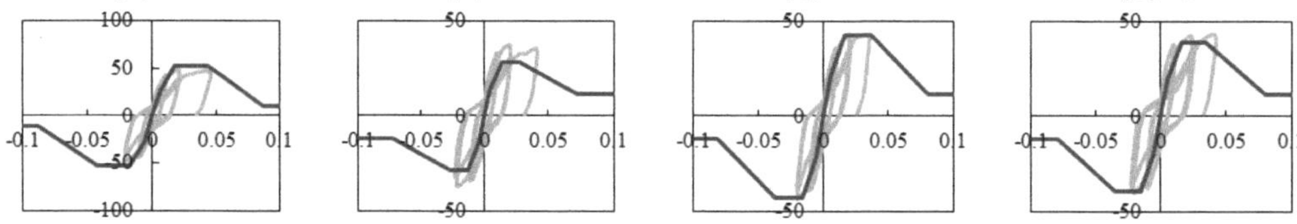

(b)-4 (b)-5 (b)-6 (b)-7

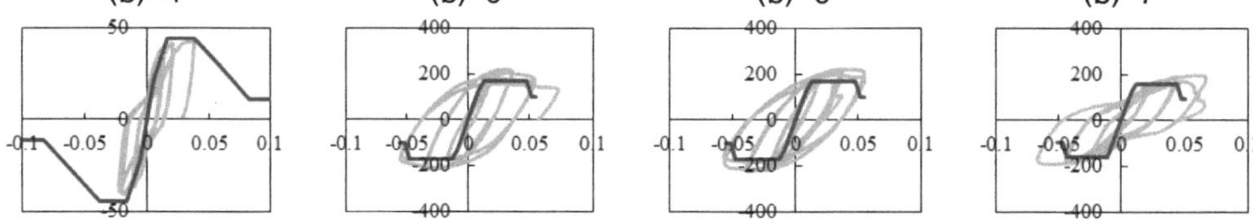

(b)-8 (c)-1 (c)-2 (c)-3

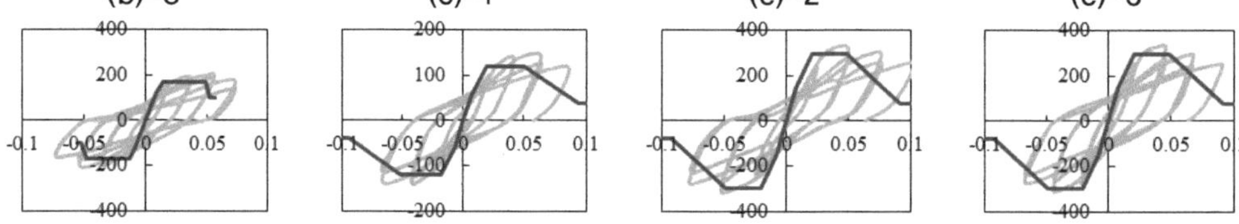

(c)-4 (c)-5 (c)-6 (c)-7

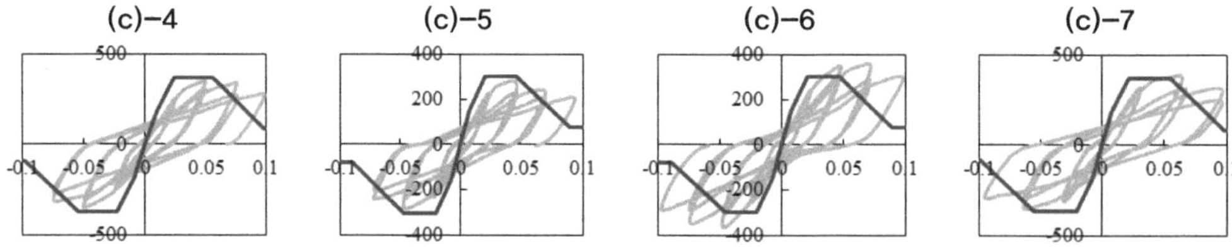

(c)-8 (c)-9 (c)-10 (c)-11

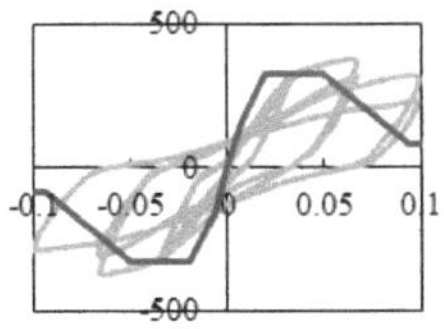
(c)-12
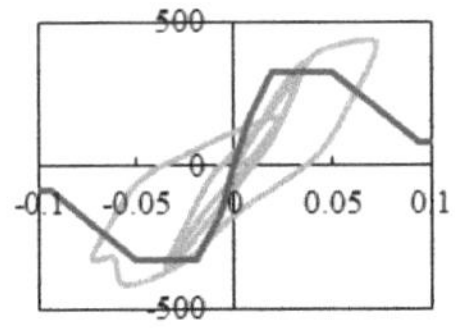
(c)-13
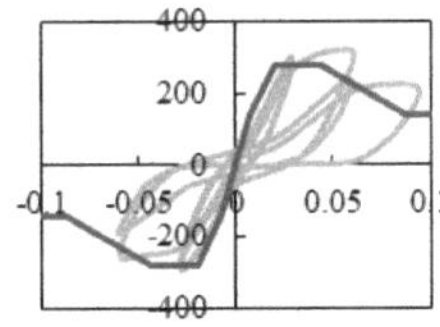
(c)-14
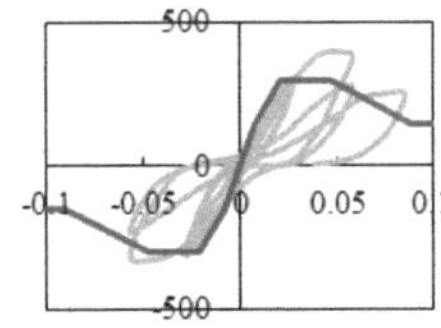
(c)-15
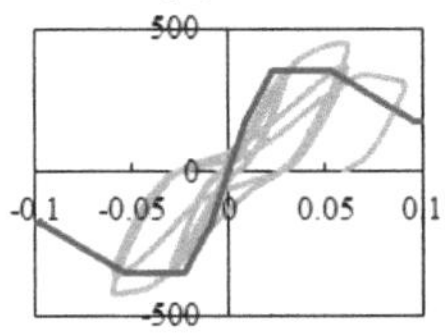
(c)-16
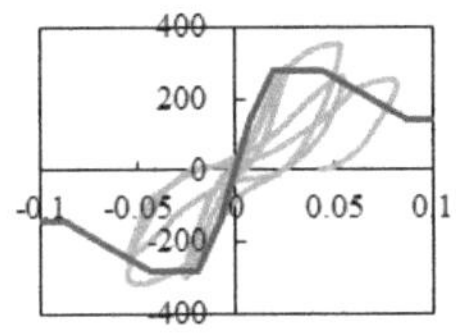
(c)-17
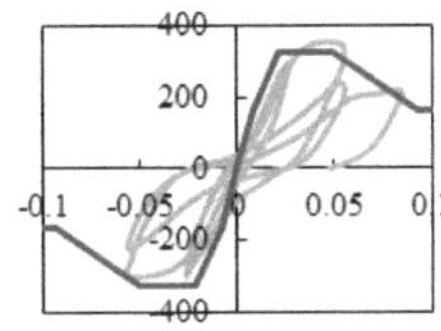
(c)-18
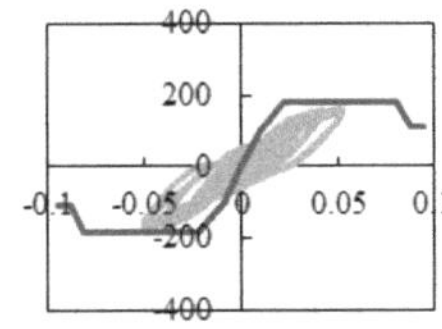
(d)-1
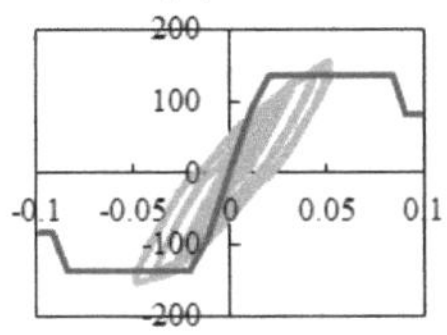
(d)-2
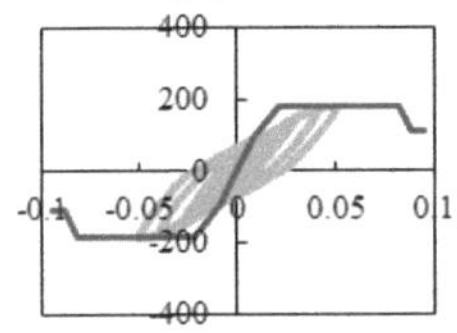
(d)-3
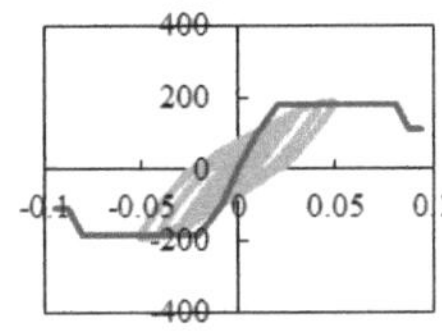
(d)-4
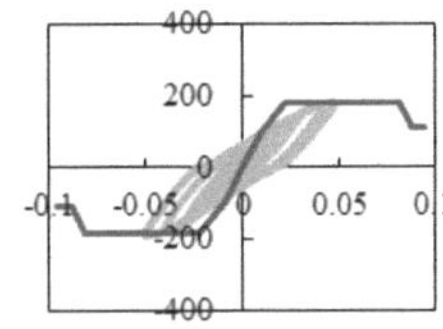
(d)-5
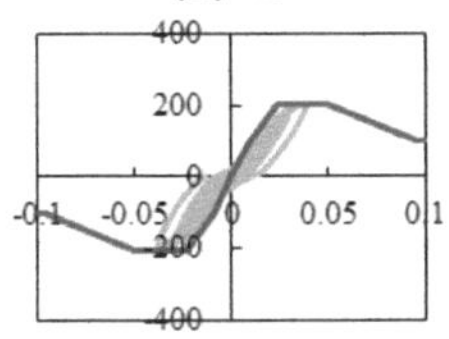
(d)-6
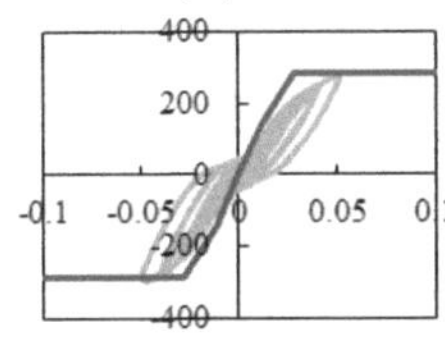
(d)-7
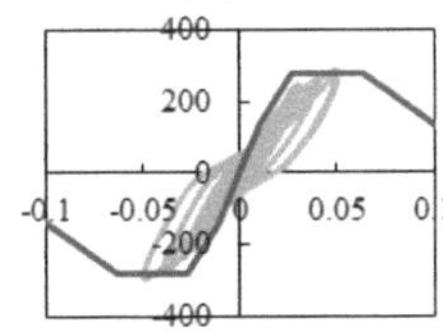
(d)-8
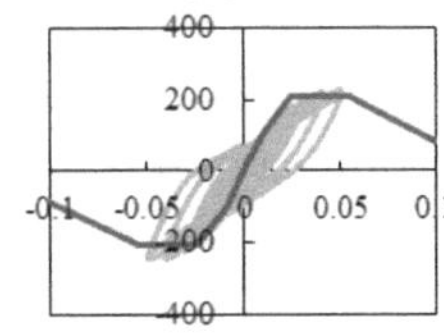
(d)-9
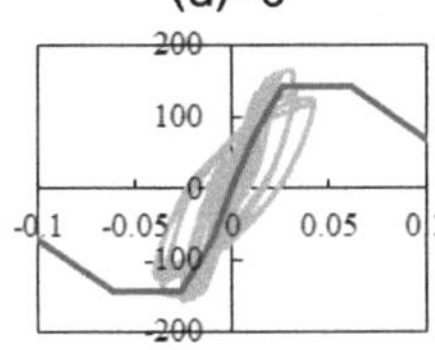
(e)-1
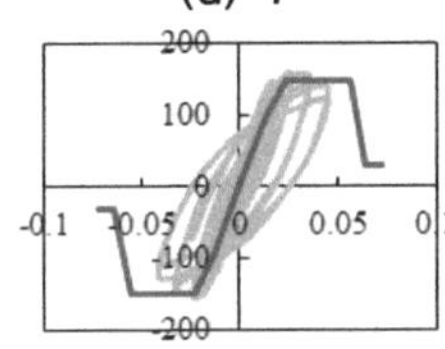
(e)-2
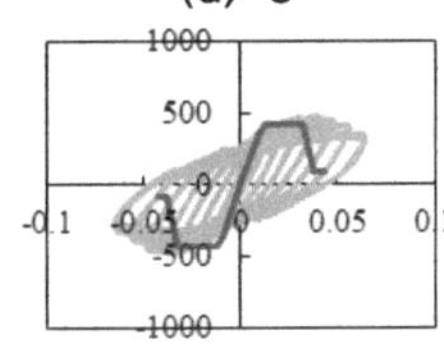
(f)-1
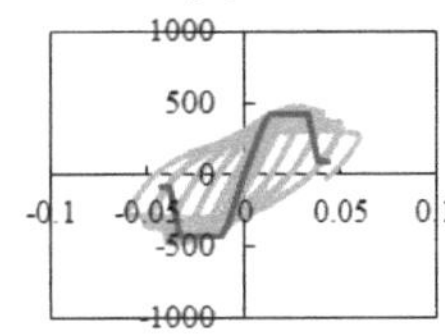
(f)-2
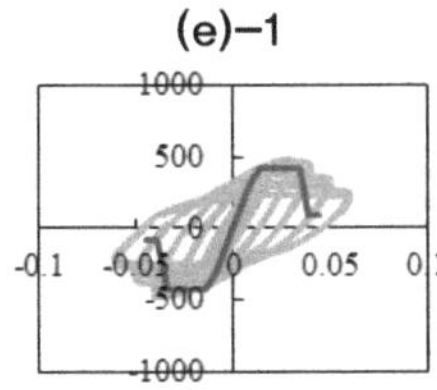
(f)-3
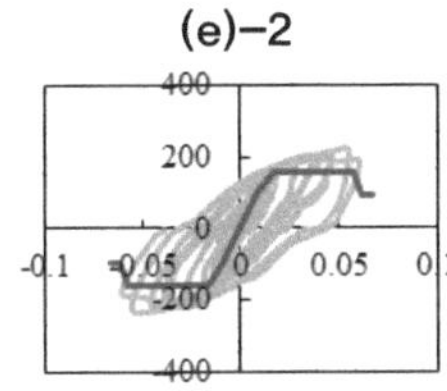
(g)-1
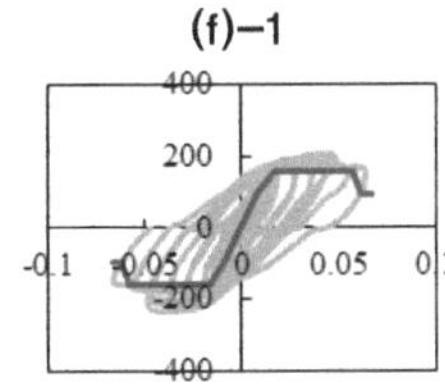
(g)-2
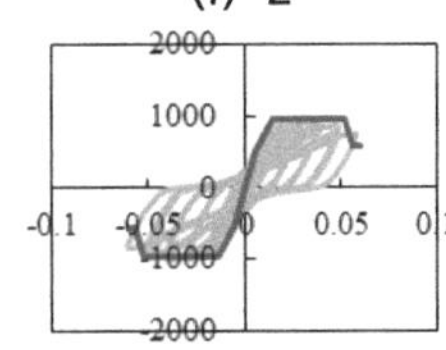
(h)-1
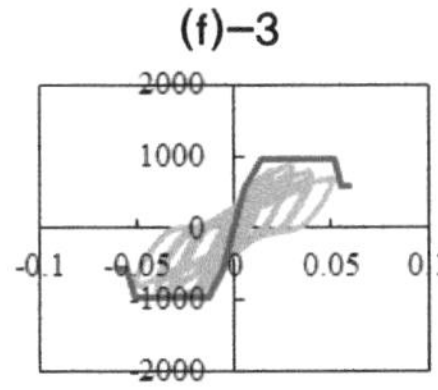
(h)-2
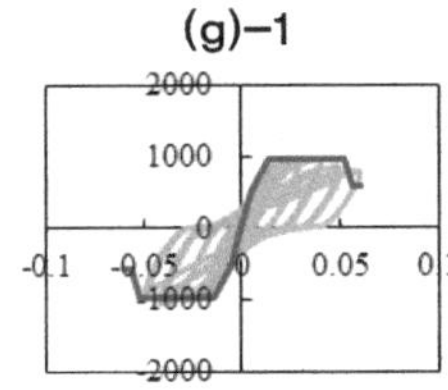
(h)-3
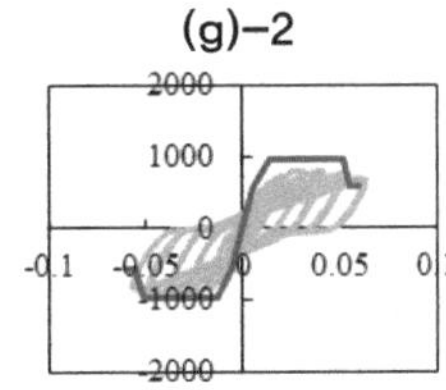
(h)-4
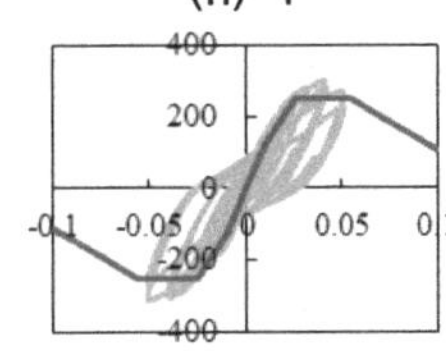
(i)-1

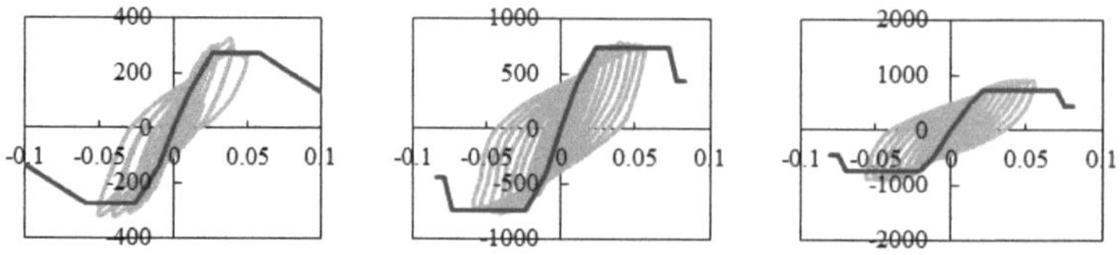

(i)–2 (j)–1 (j)–2

*가로축: 총 층간변위비, 세로축: 하중(실험체별로 하중방식 및 하중단위가 다름에 유의)
*회색선: 실험결과, 붉은선: 비선형 모델링
*실험체별 하중방식 및 하중단위
(a): Sheikh et al.(1987): 보 전단력, 단위 kips
(b): Deierlein et al.(1988): 보 전단력, 단위 kips
(c): Kanno(1993): 보 전단력, 단위 kN
(d): Parra-Montesinos(2000): 기둥 전단력, 단위 kN
(e): Parra-Montesinos et al.(2003): 기둥 전단력, 단위 kN
(f): Cheng and Chen(2005): 보 전단력, 단위 kN
(g): Alizadeh et al.(2015): 기둥 전단력, 단위 kN
(h): Lee et al.(2019): 기둥 전단력, 단위 kN
(i): Fargier-Gabald n et al.(2020): 기둥 전단력, 단위 kN
(j): Dung Le et al.(2020): 보 모멘트, 단위 kN·m

그림 10. RCS 복합골조 비선형 모델링 검증

표 8. RCS 복합골조 비선형 모델링 검증

저자	실험체	최대강도[1)			초기강성[1)		
		실험 (kN)	예측 (kN)	예측/실험	실험 (kN/rad)	예측 (kN/rad)	예측/실험
Sheikh et al. (1987)	(a)–1: Specimen 1	80.1	87.6	1.09	10014.3	7817.6	0.78
		−82.9	−87.6	1.06			
	(a)–2: Specimen 2	117.4	87.6	0.75	11286.5	7817.6	0.69
		−107.6	−87.6	0.81			
	(a)–3: Specimen 3	88.7	81.1	0.91	17981.8	7798.8	0.43
		−93.5	−81.1	0.87			
	(a)–4: Specimen 4	156.2	180.4	1.15	12597.5	12525.2	0.99
		−159.8	−180.4	1.13			
	(a)–5: Specimen 5	166.6	180.4	1.08	14038.0	12525.2	0.89
		−157.6	−180.4	1.14			
	(a)–6: Specimen 6	212.2	174.1	0.82	17302.6	12321.7	0.71
		−180.8	−174.1	0.96			
	(a)–7: Specimen 7	195.6	174.1	0.89	16672.7	12321.7	0.74
		−174.3	−174.1	1.00			
	(a)–8: Specimen 8	249.0	179.1	0.72	24570.5	13709.8	0.56
		−222.1	−179.1	0.81			
	(a)–9: Specimen 9	152.9	139.7	0.91	13029.3	10690.9	0.82
		−142.2	−139.7	0.98			

Deierlein et al. (1988)	(b)-1: Specimen 10	156.6	179.1	1.14	16781.4	13044.8	0.78
		-176.5	-179.1	1.01			
	(b)-2: Specimen 11	235.5	207.3	0.88	28482.1	14009.7	0.49
		-230.5	-207.3	0.90			
	(b)-3: Specimen 12	151.8	120.1	0.79	15381.7	10472.9	0.68
		-147.7	-120.1	0.81			
	(b)-4: Specimen 13	216.0	233.4	1.08	24549.4	14834.5	0.60
		-206.6	-233.4	1.13			
	(b)-5: Specimen 14	166.0	126.0	0.76	18869.0	10742.9	0.57
		-163.4	-126.0	0.77			
	(b)-6: Specimen 15	192.5	189.6	0.99	20047.2	13288.5	0.66
		-190.6	-189.6	0.99			
	(b)-7: Specimen 16	187.5	175.8	0.94	22676.1	12677.5	0.56
		-176.6	-175.8	1.00			
	(b)-8: Specimen 17	187.0	197.9	1.06	21914.6	13494.2	0.62
		-179.8	-197.9	1.10			
Kanno (1993)	(c)-1: OB1-1	218.0	170.7	0.78	11387.3	14885.2	1.31
		-218.0	-170.7	0.78			
	(c)-2: OBJS1-1	222.0	170.7	0.77	10732.0	14885.2	1.39
		-222.0	-170.7	0.77			
	(c)-3: OBJS2-0	193.0	157.9	0.82	7904.5	15180.9	1.92
		-190.0	-157.9	0.83			
	(c)-4: OJS1-1	199.0	170.7	0.86	9499.2	13914.4	1.46
		-198.0	-170.7	0.86			
	(c)-5: OJS2-0	148.0	119.0	0.80	4434.0	6974.8	1.57
		-135.0	-119.0	0.88			
	(c)-6: OJS3-0	307.0	299.1	0.97	10288.1	15579.2	1.51
		-307.0	-299.1	0.97			
	(c)-7: OJS4-1	331.0	299.1	0.90	12572.9	15579.2	1.24
		-309.0	-299.1	0.97			
	(c)-8: OJS5-0	339.0	369.2	1.09	10560.6	17094.1	1.62
		-335.0	-369.2	1.10			
	(c)-9: OJS6-0	280.0	304.3	1.09	10292.8	16069.9	1.56
		-267.0	-304.3	1.14			
	(c)-10: OJS7-0	355.0	300.1	0.85	10120.1	16076.9	1.59
		-352.0	-300.1	0.85			
	(c)-11: HJS1-0	374.0	367.7	0.98	10969.2	18890.9	1.72
		-342.0	-367.7	1.08			
	(c)-12: HJS2-0	374.0	328.1	0.88	10648.8	18093.5	1.70
		-360.0	-328.1	0.91			

	(c)-13: HJS3-0	434.0	328.1	0.76	10830.3	18093.5	1.67
		-408.0	-328.1	0.80			
	(c)-14: OJB1-0	306.0	280.2	0.92	10918.8	15452.4	1.42
		-287.0	-280.2	0.98			
	(c)-15: OJB2-0	383.0	301.1	0.79	11805.8	15681.6	1.33
		-325.0	-301.1	0.93			
	(c)-16: OJB4-0	347.0	279.2	0.80	11915.6	15171.8	1.27
		-298.0	-279.2	0.94			
	(c)-17: OJB5-0	349.0	325.8	0.93	11838.3	16074.8	1.36
		-299.0	-325.8	1.09			
	(c)-18: OJB6-1	313.0	266.1	0.85	15253.7	15121.1	0.99
		-279.0	-266.1	0.95			
Parra-Montesinos (2000)	(d)-1: Specimen 1	160.0	182.7	1.14	5883.6	9013.6	1.53
		-170.5	-182.7	1.07			
	(d)-2: Specimen 2	157.2	137.4	0.87	4271.3	6871.6	1.61
		-155.1	-137.4	0.89			
	(d)-3: Specimen 3	182.1	182.7	1.00	5785.8	9013.6	1.56
		-187.7	-182.7	0.97			
	(d)-4: Specimen 4	192.3	182.7	0.95	5961.2	9133.8	1.53
		-193.3	-182.7	0.95			
	(d)-5: Specimen 5	188.5	182.7	0.97	5610.0	8896.5	1.59
		-191.6	-182.7	0.95			
	(d)-6: Specimen 6	203.9	205.8	1.01	7280.8	9410.1	1.29
		-199.2	-205.8	1.03			
	(d)-7: Specimen 7	279.3	284.9	1.02	7644.8	10791.4	1.41
		-295.5	-284.9	0.96			
	(d)-8: Specimen 8	287.4	280.5	0.98	8834.2	10957.8	1.24
		-297.8	-280.5	0.94			
	(d)-9: Specimen 9	230.8	207.7	0.90	7726.6	9497.1	1.23
		-241.2	-207.7	0.86			
Parra-Montesinos et al. (2003)	(e)-1: Specimen 1	160.0	141.6	0.89	11691.4	5835.5	0.50
		-150.8	-141.6	0.94			
	(e)-2: Specimen 2	160.0	148.7	0.93	10801.6	6637.8	0.61
		-157.1	-148.7	0.95			
Cheng and Chen (2005)	(f)-1: ICLC	474.3	431.3	0.91	31206.3	37609.1	1.21
		-469.6	-431.3	0.92			
	(f)-2: INUC	480.0	431.3	0.90	29508.2	37609.1	1.27
		-465.9	-431.3	0.93			
	(f)-3: ICSC	490.3	431.3	0.88	34692.7	33691.5	0.97
		-476.2	-431.3	0.91			

Alizadeh et al. (2015)	(g)–1: Specimen 1	223.9	156.5	0.70	8746.6	9784.1	1.12
		–230.4	–156.5	0.68			
	(g)–2: Specimen 2	206.2	156.5	0.76	8887.5	9784.1	1.10
		–225.7	–156.5	0.69			
Lee et al. (2019)	(h)–1: TF6	923.0	962.7	1.04	61564.0	72199.9	1.17
		–1000.7	–962.7	0.96			
	(h)–2: TF16	943.0	962.7	1.02	60044.0	73673.4	1.23
		–1025.9	–962.7	0.94			
	(h)–3: SF6	872.0	962.7	1.10	60214.1	72199.9	1.20
		–952.5	–962.7	1.01			
	(h)–4: F16	808.0	962.7	1.19	51932.7	73673.4	1.42
		–905.3	–962.7	1.06			
Fargier–Gabald n et al. (2020)	(i)–1: 1W	293.0	251.9	0.86	12611.6	11114.4	0.88
		–299.7	–251.9	0.84			
	(i)–2: 2W	319.0	271.9	0.85	14524.2	11328.1	0.78
		–316.3	–271.9	0.86			
Dung Le et al. (2020)	(j)–1: SC1	421.2	741.6	1.76	20179.9	17684.9	0.88
		–409.3	–741.6	1.81			
	(j)–2: SC2	501.2	741.6	1.48	20919.5	19522.3	0.93
		–492.2	–741.6	1.51			

[1]하중은 전단력으로 치환하고(가력위치는 치환하지 않음), kN 단위로 환산함.

IV 설계예제

1 RCS접합부 예제 개요

이 장에서는 [예제 그림 1] 및 [예제 그림 2]와 같이 RC기둥과 강재보로 구성된 합성모멘트골조의 RCS 연속접합부에 대하여, 설계강도 검토 및 비선형 모델링을 수행한다. 설계예제는 [예제 표 1]에 나타난 바와 같이, 현장에서 자주 사용되는 4가지 RCS접합부(교차보형, 강재띠판형, 강재덮개판형, 무전단키형)에 대해 수행한다. 아래사항은 4가지 예제에 공통으로 적용된 RC기둥과 강재보의 설계제원이다.

[RC기둥]

기둥 콘크리트 강도	$f_{ck}=40$ MPa
기둥 단면폭	$b=800$ mm
기둥 단면깊이	$h=800$ mm
기둥 주철근 항복강도	$f_{y,cl}=500$ MPa
기둥 주철근	20-D32
기둥 주철근 공칭지름	$d_{b,cl}=31.8$ mm
기둥 층간높이	$H_c=4{,}000$ mm

[강재보]

플랜지 항복강도	$F_{yf}=355$ MPa
플랜지 인장강도	$F_{uf}=490$ MPa
웨브 항복강도	$F_{yw}=355$ MPa
보 단면깊이	$d=692$ mm
보 단면폭(플랜지 너비)	$b_f=300$ mm
웨브 두께	$t_w=13$ mm
플랜지 두께	$t_f=20$ mm
보 경간	$L_b=11{,}000$ mm

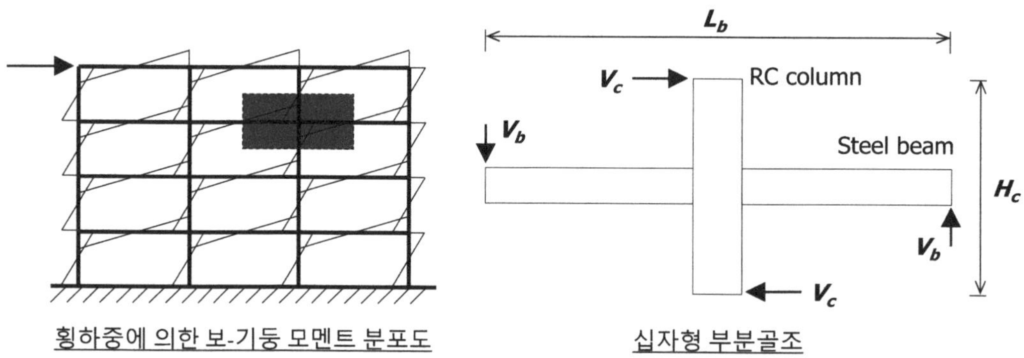

예제 그림 1. RC기둥과 강재보로 구성된 합성모멘트골조의 RCS 연속접합부

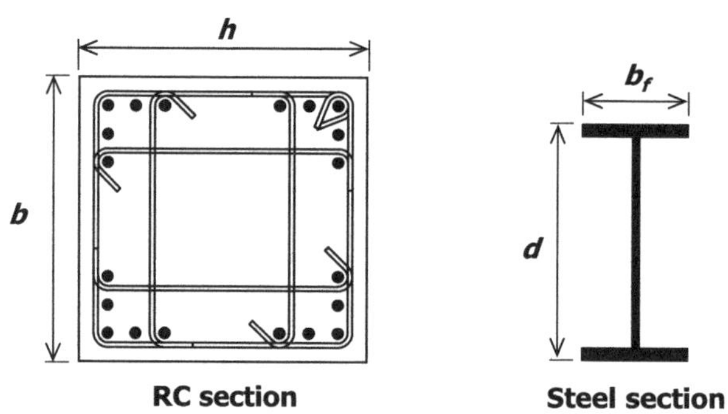

예제 그림 2. RC기둥과 강재보 단면상세

[해석모델을 위한 기둥, 보 단면물성 계산]

$E_c = 8,500 \sqrt[3]{f_{ck} + \Delta f}$: 콘크리트 탄성계수

$\Delta f = 4.00$ MPa

$E_c = 30,008$ MPa

$I_c = \alpha \frac{bh^3}{12}$: RC기둥 유효단면2차모멘트

$0.3 \leq \alpha = 0.2 + p \leq 0.7$ (기둥 축력비 p=0)

$\alpha = 0.3$

$I_c = 10.24 \times 10^9$ mm^4

$H_{cs} = (H_c - d)/2 = 1,654$ mm : 기둥 전단경간

$E_s = 210,000$ MPa : 강재 탄성계수

$I_s = 1,655 \times 10^6$ mm^4 : 강재보 단면2차모멘트

$L_{bs} = (L_b - h)/2 = 5,100$ mm : 보 전단경간

$\theta_y = \frac{M_{bp} L_{bs} (1+\eta)}{6 E_s I_s}$: 강재보 항복회전각

$M_{bp} = 1,922$ kN·m (강재보 전소성모멘트)

$\eta = \frac{12 E_s I_s}{L_{bs}^2 G_s A_w}$

$G_s = \frac{E_s}{2(1+\nu)} = 80,769$ MPa (강재 전단탄성계수)

$A_w = t_w(d - 2t_f) = 8,476$ mm (강재보 웨브 단면적)

$\eta = 0.234$

$\theta_y = 0.0058$

예제 표 1. RCS접합부 설계예제 보강요소 구성

구분	접합부 상세	보강요소 구성	
예제 1 (교차보형)	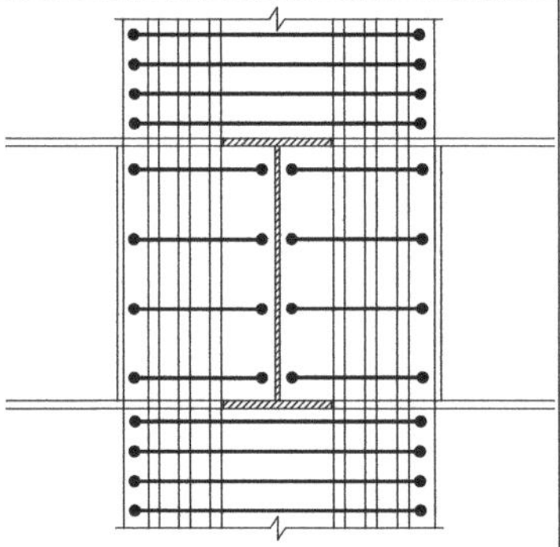	표면지압판	FBP
		접합부 횡보강	JH (접합부 후프철근)
		기둥부 횡보강	CT (기둥부 띠철근)
		전단키	TB (교차보)
예제 2 (강재띠판형)	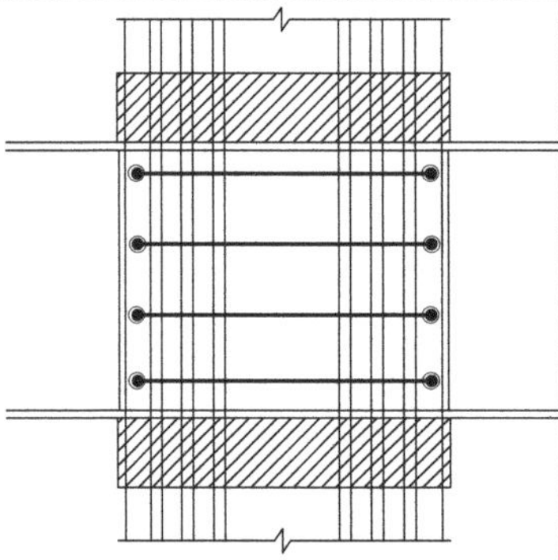	표면지압판	FBP
		접합부 횡보강	JH (접합부 후프철근)
		기둥부 횡보강	BP (강재띠판)
		전단키	BP (강재띠판)
예제 3 (강재덮개판형)	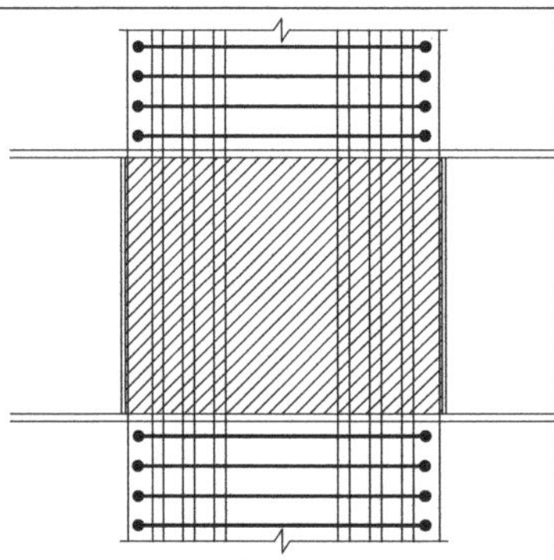	표면지압판	FBP
		접합부 횡보강	CP (강재덮개판)
		기둥부 횡보강	CT (기둥부 띠철근)
		전단키	없음
예제 4 (무전단키형)	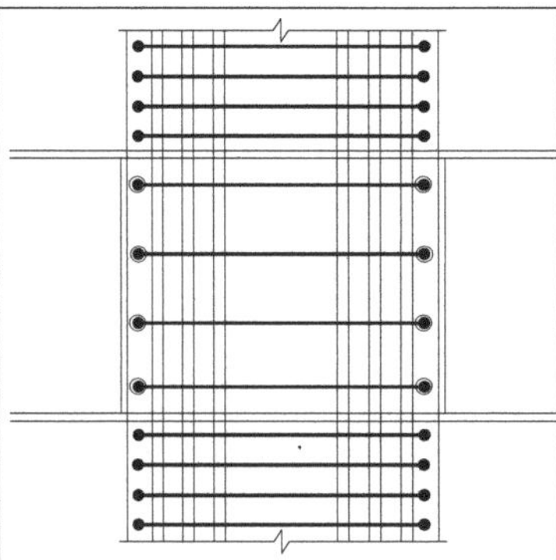	표면지압판	FBP
		접합부 횡보강	JH (접합부 후프철근)
		기둥부 횡보강	CT (기둥부 띠철근)
		전단키	없음

2 예제 1: 교차보형

검토하고자 하는 방향의 강재보에 강접합으로 연결되는 교차보가 존재하는 경우, 해당 교차보를 전단키로 보고 외부패널의 기여도를 산정할 수 있다. 나머지 필수 보강요소로는 표면지압판(FBP), 접합부 후프철근(JH), 기둥부 띠철근(CT)이 적용되었다.

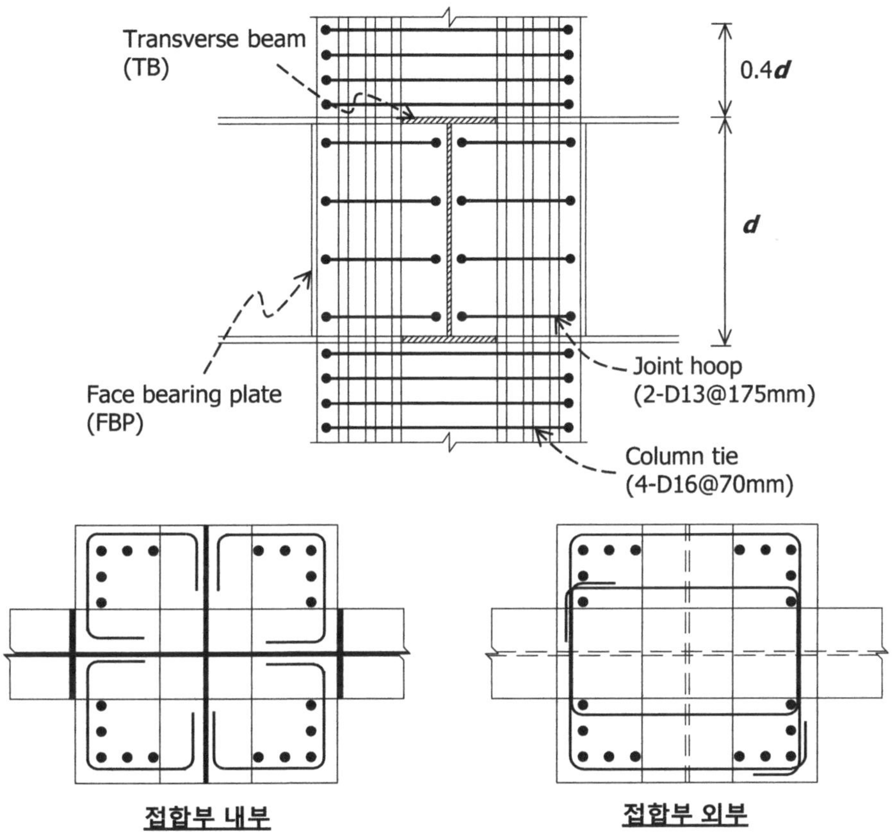

예제 그림 3. 교차보를 적용한 RCS접합부 상세

(1) 접합부 상세

[표면지압판(FBP)]

FBP 항복강도	$F_{y,FBP} = 355$ MPa
FBP 인장강도	$F_{u,FBP} = 490$ MPa
FBP 두께	$t_{FBP} = 16$ mm

[접합부 후프철근(JH)]

JH 항복강도	$f_{y,JH}$ =400 MPa
JH 호칭치수	D13
JH 공칭단면적(한 가닥)	A_{JH} =127 mm^2
한 열당 보와 평행한 JH의 총 가닥수	2 legs
한 열당 보와 수직한 JH의 총 가닥수	2 legs
JH 열의 수	4 layers
JH 중심간간격	s_{JH} =175 mm
JH 체적비(피복두께 40 mm 가정)	ρ_{JH} =0.0033

[기둥부 띠철근(CT)]

CT 항복강도	$f_{y,CT}$ =500 MPa
CT 호칭치수	D16
CT 공칭단면적(한 가닥)	A_{CT} =199 mm^2
한 열당 보와 평행한 CT의 총 가닥수	4 legs
CT 열의 수(보 상하부 중 한쪽)	4 layers

(2) 접합부 설계강도 검토

① 접합부 요구전단력

$V_{jd} = 2M_{bp}/d_j - V_{c,bp}$ =4,518 kN : 접합부 요구전단력

$V_{c,bp} = V_{bp}(L_b/H_c)$: 보 전소성모멘트 대응 기둥 전단력

$V_{bp} = M_{bp}/L_{bs}$ =377 kN (보 전소성모멘트 대응 보 전단력)

$V_{c,bp}$ =1,052 kN

② 접합부 유효크기

$d_j = d$ =692 mm : 접합부 유효깊이

$b_i = b_f$ =300 mm : 내측패널 유효폭

$b_o = y + \frac{2}{3}\alpha_x x - b_f \le b - b_i$: 외측패널 유효폭

$y = b$ =692 mm

α_x =1.0

$x = 0.5h$ =400 mm

$y+\frac{2}{3}\alpha_x x-b_f=767$ mm

$b-b_i=500$ mm

$b_o=500$ mm

$b_j=b_i+b_o=800$ mm : 접합부 유효폭

③ 내측패널 강도

$V_{sp}=0.6F_{yw}t_{sp}\alpha_{sp}h$: 내측패널 웨브 전단강도

$\alpha_{sp}=0.9$

$V_{sp}=1{,}994$ kN

$V_{ic}=1.7\alpha_c\sqrt{f_{ck}}b_ih \le \min\{0.5f_{ck}b_id_j\ ;\ V_{ic,FBP}\}$: 내측패널 콘크리트 전단강도

$\alpha_c=1.0$

$1.7\alpha_c\sqrt{f_{ck}}b_ih=2{,}580$ kN (대각압축스트럿)

$0.5f_{ck}b_id_j=4{,}152$ kN (스트럿 끝단 지압파괴에 의한 제한)

$V_{ic,FBP}=\min\left\{\frac{2F_{u,FBP}t_{FBP}b_f}{\sqrt{3}}\ ;\ \frac{F_{y,FBP}t_{FBP}^2d_w}{0.04b_f}\right\}$ (FBP 상세에 의한 제한)

$\frac{2F_{u,FBP}t_{FBP}b_f}{\sqrt{3}}=2{,}716$ kN (FBP 전단작용)

$\frac{F_{y,FBP}t_{FBP}^2d_w}{0.04b_f}=4{,}938$ kN (FBP 휨작용)

$V_{ic,FBP}=2{,}716$ kN

$V_{ic}=2{,}580$ kN

$V_{in}=V_{sp}+V_{ic}\le(M_{vb}-V_bh)/d_j$: 내측패널 전단강도

$V_{sp}+V_{ic}=4574$ kN

$M_{vb}=C_{cb}h(1-\beta_1/2)$ (수직지압에 의한 모멘트)

$C_{cb}=\alpha_{cb}f_{ck}b_i(\beta_1h/2)$ (수직지압강도)

$\alpha_{cb}=2$

$\beta_1=0.8$

$C_{cb}=7{,}680$ kN

$M_{vb}=3{,}686$ kN·m

$V_{bp}=M_{bp}/L_{bs}$ (보 전소성모멘트에 대응하는 보 전단력)

$M_{bp}=1{,}922$ kN·m (보 전소성모멘트)

$L_{bs} = (L_b - h)/2 = 5{,}100$ mm (보 전단경간)

$V_b = V_{bp} = 377$ kN (보수적으로 최댓값으로 가정)

$(M_{vb} - V_b h)/d_j = 4{,}892$ kN (수직지압파괴에 의한 제한)

$\phi_b(M_{vb} - V_b h)/d_j = 3{,}179$ kN 강도감소계수 0.65(지압)

$\phi_s(V_{sp} + V_{ic}) = 3{,}431$ kN 강도감소계수 0.75(전단)

$\phi V_{in} = \phi_b(M_{vb} - V_b h)/d_j = 3{,}179$ kN 내측패널 설계강도(지압지배)

④ 외측패널 강도

$V_{oc} = 1.05\alpha_c\sqrt{f_{ck}}b_o h$: 외측패널 콘크리트 전단강도

$\alpha_c = 1.0$

$V_{oc} = 2{,}656$ kN

$V_{ot} = f_{y,JH}A_{JH}$: 외측패널 횡보강요소 전단강도

$A_{JH} = 1{,}013$ mm^2 (2가닥×4열×127mm^2)

$V_{ot} = 405$ kN

$V_{on} = V_{oc} + V_{ot} \leq \min\{V_{on,CT}\,;\,V_{bl}\}$: 외측패널 전단강도

$V_{oc} + V_{ot} = 3{,}062$ kN

$V_{on,CT} = f_{y,CT}A_{CT}$ (기둥부 횡보강에 의한 제한)

$A_{CT} = 3{,}177$ mm^2 (4가닥×4열×199mm^2)

$V_{on,CT} = 1{,}588$ kN

$V_{bl} = T_{bl}h_{bl}/d_j$ (기둥 주근 부착파괴에 의한 제한)

$T_{bl} = 1.16\sqrt{f_{ck}}\varphi_{bl}d_j$ (기둥 주근 부착강도)

$\varphi_{bl} = 1{,}199$ mm (D32둘레길이×최외곽12가닥)

$h_{bl} = 663$ mm (최외곽 주근 중심간 거리)

$T_{bl} = 6{,}087$ kN

$V_{bl} = 5{,}830$ kN

$V_{on} = 1{,}588$ kN

$\phi V_{on} = \phi_s V_{on} = 1{,}191$ kN 외측패널 설계강도

⑤ 설계강도와 요구전단력 비교

$\phi V_{jn} = \phi V_{in} + \phi V_{on} = 4{,}371$ kN : 설계강도

$V_{jd} = 4{,}518$ kN : 요구전단력

$\phi V_{jn} / V_{jd} = 0.97$

설계강도가 요구전단력보다 작으므로, 보의 항복조건을 만족하지 않는다.

(3) 비선형 모델

비선형 모델링에서는 강도감소계수 대신 [해설 표 3, 4, 5]의 기대강도계수를 적용한다.

RCS접합부의 모델링 변수 g_j, d_j, e_j, f_j, c_j는 [표 3]을 따른다.

강재보의 모델링 변수 a_b, b_b, c_b는 [표 5]를 따른다.

① 기대강도계수를 고려한 재료강도

$f_{ck} = 1.1 \times 40 = 44$ MPa : 콘크리트 기대강도

$f_y = 1.13 \times 500 = 565$ MPa : SD500 철근 기대항복강도

$f_y = 1.17 \times 400 = 468$ MPa : SD500 철근 기대항복강도

$F_y = 1.1 \times 355 = 391$ MPa : SN355 강재 기대항복강도

$F_u = 1.1 \times 490 = 539$ MPa : SN355 강재 기대인장강도

② 전단강도 계산결과 요약

$V_{sp} = 0.6 F_{yw} t_{sp} \alpha_{sp} h = 2{,}193$ kN : 내측패널 웨브 전단강도

$V_{ic} = 1.7 \alpha_c \sqrt{f_{ck}} b_i h = 2{,}706$ kN : 내측패널 콘크리트 전단강도

$V_{in} = V_{sp} + V_{ic} = 4{,}899$ kN : 내측패널 전단강도

$(M_{vb} - V_b h)/d_j = 5{,}381$ kN (수직지압파괴에 의한 제한)

$V_{oc} = 1.05 \alpha_c \sqrt{f_{ck}} b_o h = 2{,}786$ kN : 외측패널 콘크리트 전단강도

$V_{ot} = f_{y,JH} A_{JH} = 474$ kN : 외측패널 횡보강요소 전단강도

$V_{on} = V_{oc} + V_{ot} = 3{,}260$ kN : 외측패널 전단강도

$V_{on,CT} = f_{y,CT} A_{CT} = 1{,}795$ kN (기둥부 횡보강에 의한 제한)

$V_{on} = 1{,}795$ kN

$V_{jn} = V_{in} + V_{on} = 6{,}694$ kN : 접합부 전단강도

$V_{jd} = 4{,}970$ kN : 접합부 요구전단력

$V_{jn} / V_{jd} = 1.35$: 접합부 전단강도비

③ 하중-변형 관계(Case 2에 해당)

성능점	총 층간변위비, δ_t	접합부 전단력, V_j
F	$\delta_{t,F}=\delta_{t,e}=\delta_{b,e}+\delta_{c,e}+\delta_{j,e}=0.0101$ $\delta_{b,e}=\lambda\frac{V_{b,e}L_{bs}^3}{3E_sI_b}\frac{1}{L_b}=0.00646$ $\delta_{c,e}=\lambda\frac{V_{c,e}H_{cs}^3}{3E_cI_c}\frac{1}{H_c}=0.00183$ $\delta_{j,e}=\lambda\theta_{j,e}L_{bs}\frac{1}{L_b}=0.00185$ $\theta_{j,e}=0.002$	$f_jV_{jn}=3{,}347$ kN $V_{b,e}=279$ kN $V_{c,e}=768$ kN
B	$\delta_{t,B}=(\delta_{b,e}+\delta_{c,e})\frac{V_{jn}}{f_jV_{jn}}+\lambda\theta_{j,B}\frac{L_{bs}}{L_b}$ $(\delta_{b,e}+\delta_{c,e})\frac{V_{jn}}{f_jV_{jn}}=0.0123$ $\theta_{j,B}=g_j=0.00545$ $\delta_{t,B}=0.0178$	$V_{jn}=4{,}970$ kN
C	$\delta_{t,B}+\lambda(d_j-g_j)\frac{L_{bs}}{L_b}=0.0623$	$V_{jn}=4{,}970$ kN
D	$\delta_{t,B}+\lambda\left(\frac{d_j+e_j}{2}-g_j\right)\frac{L_{bs}}{L_b}=0.0683$	$c_jV_{jn}=2{,}400$ kN
E	$\delta_{t,B}+\lambda(e_j-g_j)\frac{L_{bs}}{L_b}=0.0742$	$c_jV_{jn}=2{,}400$ kN

④ 기둥 하중-변형 관계

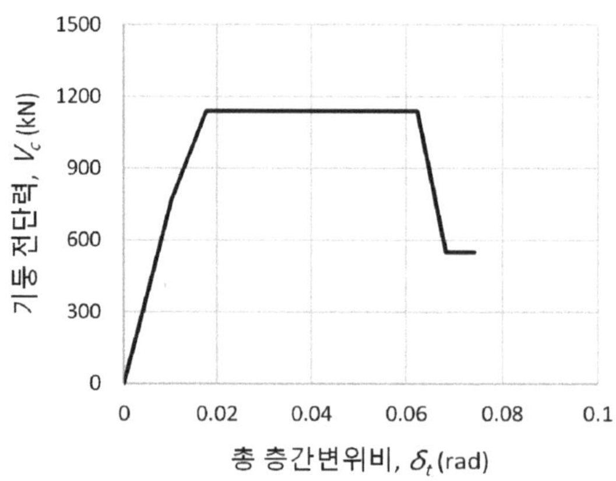

힘은 접합부 전단력 V_j 대신 기둥 전단력 $V_c=V_j/\left(\frac{H_c}{L_b}\frac{2L_{bs}}{d_j}-1\right)$로 나타내었다.

3 예제 2: 강재띠판형

강재띠판은 외부패널에 대한 전단키로 작용함과 동시에, 기둥부 콘크리트를 횡구속하는 효과로 있다. 이 예제에서는 강재띠판(BP)을 사용함에 따라 기둥부 띠철근(CT)이 생략되었고, 표면지압판(FBP)과 접합부 후프철근(JH)이 함께 적용되었다.

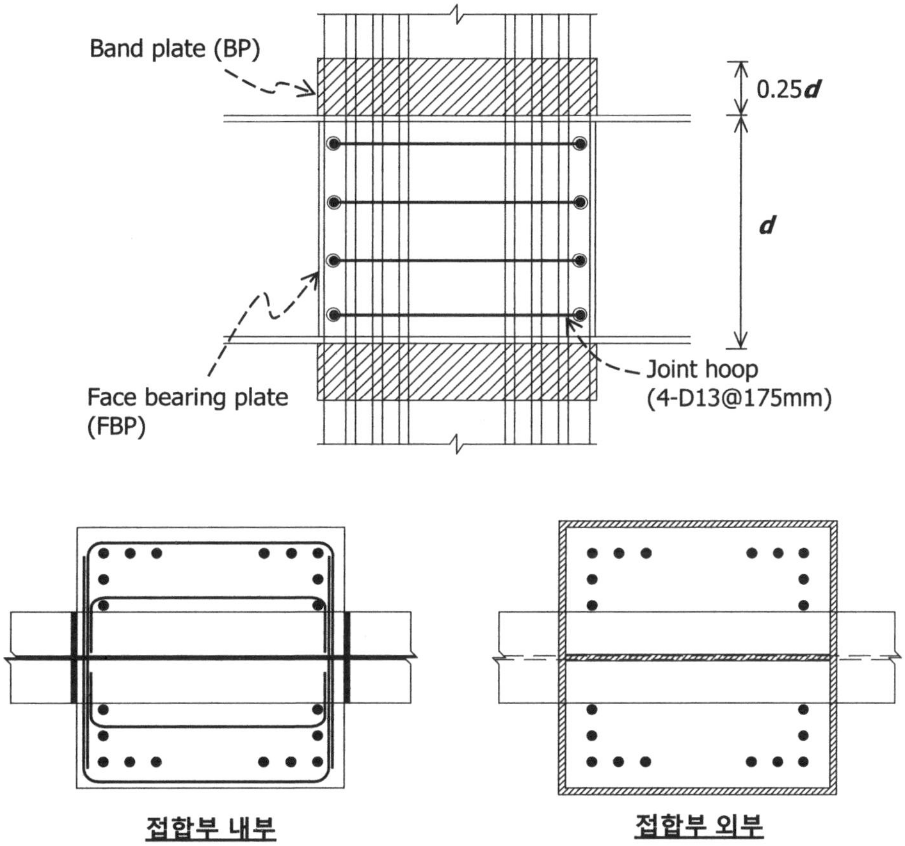

예제 그림 4. 강재띠판을 적용한 RCS접합부 상세

(1) 접합부 상세

[강재 띠판(BP)]

BP 항복강도	$F_{y,BP} = 355$ MPa
BP 인장강도	$F_{u,BP} = 490$ MPa
BP 높이(보 상하부 중 한쪽)	$d_{BP} = 175$ mm
BP 두께	$t_{BP} = 20$ mm

보와 평행한 BP의 총 가닥수 | 3 legs
BP 체적비 | $\rho_{BP} = 0.031$

[표면지압판(FBP)]

FBP 항복강도 $F_{y,FBP} = 355$ MPa
FBP 인장강도 $F_{u,FBP} = 490$ MPa
FBP 두께 $t_{FBP} = 16$ mm

[접합부 후프철근(JH)]

JH 항복강도 $f_{y,JH} = 400$ MPa
JH 호칭치수 D13
JH 공칭단면적(한 가닥) $A_{JH} = 127\ \text{mm}^2$
한 열당 보와 평행한 JH의 총 가닥수 2 legs
한 열당 보와 수직한 JH의 총 가닥수 4 legs
JH 열의 수 4 layers
JH 중심간간격 $s_{JH} = 175$ mm
JH 체적비(피복두께 40 mm 가정) $\rho_{JH} = 0.0049$

(2) 접합부 설계강도 검토

① 접합부 요구전단력

$V_{jd} = 2M_{bp}/d_j - V_{c,bp} = 4{,}518$ kN : 접합부 요구전단력

$V_{c,bp} = V_{bp}(L_b/H_c)$: 보 전소성모멘트 대응 기둥 전단력

$V_{bp} = M_{bp}/L_{bs} = 377$ kN (보 전소성모멘트 대응 보 전단력)

$V_{c,bp} = 1{,}052$ kN

② 접합부 유효크기

$d_j = d = 692$ mm : 접합부 유효깊이

$b_i = b_f = 300$ mm : 내측패널 유효폭

$b_o = y + \frac{2}{3}\alpha_x x - b_f \le b - b_i$: 외측패널 유효폭

$y = b_f = 300$ mm

$\alpha_x = 0.5$

$x = h = 800$ mm

$y + \frac{2}{3}\alpha_x x - b_f = 267$ mm

$b - b_i = 500$ mm

$b_o = 267$ mm

$b_j = b_i + b_o = 567$ mm　　: 접합부 유효폭

③ 내측패널 강도

$V_{sp} = 0.6F_{yw}t_{sp}\alpha_{sp}h$　　: 내측패널 웨브 전단강도

$\alpha_{sp} = 0.9$

$V_{sp} = 1,994$ kN

$V_{ic} = 1.7\alpha_c\sqrt{f_{ck}}b_ih \le \min\{0.5f_{ck}b_id_j\ ;\ V_{ic,FBP}\}$　　: 내측패널 콘크리트 전단강도

$\alpha_c = 1.0$

$1.7\alpha_c\sqrt{f_{ck}}b_ih = 2,580$ kN　　(대각압축스트럿)

$0.5f_{ck}b_id_j = 4,152$ kN　　(스트럿 끝단 지압파괴에 의한 제한)

$V_{ic,FBP} = \min\left\{\dfrac{2F_{u,FBP}t_{FBP}b_f}{\sqrt{3}}\ ;\ \dfrac{F_{y,FBP}t_{FBP}^2d_w}{0.04b_f}\right\}$　　(FBP 상세에 의한 제한)

$\dfrac{2F_{u,FBP}t_{FBP}b_f}{\sqrt{3}} = 2,716$ kN　　(FBP 전단작용)

$\dfrac{F_{y,FBP}t_{FBP}^2d_w}{0.04b_f} = 4,938$ kN　　(FBP 휨작용)

$V_{ic,FBP} = 2,716$ kN

$V_{ic} = 2,580$ kN

$V_{in} = V_{sp} + V_{ic} \le (M_{vb} - V_bh)/d_j$　　: 내측패널 전단강도

$V_{sp} + V_{ic} = 4,574$ kN

$M_{vb} = C_{cb}h(1 - \beta_1/2)$　　(수직지압에 의한 모멘트)

$C_{cb} = \alpha_{cb}f_{ck}b_i(\beta_1h/2)$　　(수직지압강도)

$\alpha_{cb} = 2.5$

$\beta_1 = 0.8$

$C_{cb} = 9,600$ kN

$M_{vb} = 4,608$ kN·m

$V_{bp} = M_{bp}/L_{bs}$　　(보 전소성모멘트에 대응하는 보 전단력)

$M_{bp} = 1,922$ kN·m　　(보 전소성모멘트)

$L_{bs} = (L_b - h)/2 = 5,100$ mm　　(보 전단경간)

$V_b = V_{bp} = 377$ kN　　(보수적으로 최댓값으로 가정)

$(M_{vb} - V_bh)/d_j = 6,223$ kN　　(수직지압파괴에 의한 제한)

$\phi_b(M_{vb} - V_bh)/d_j = 4,045$ kN　　강도감소계수 0.65(지압)

$\phi_s(V_{sp} + V_{ic}) = 3,431$ kN　　강도감소계수 0.75(전단)

$\phi V_{in} = \phi_s(V_{sp} + V_{ic}) = 3,431$ kN　　내측패널 설계강도(전단지배)

④ 외측패널 강도

$V_{oc} = 1.05\alpha_c \sqrt{f_{ck}} b_o h$: 외측패널 콘크리트 전단강도

$\alpha_c = 1.0$

$V_{oc} = 1{,}417$ kN

$V_{ot} = f_{y,JH} A_{JH}$: 외측패널 횡보강요소 전단강도

$A_{JH} = 2{,}027$ mm^2 (4가닥×4열×127mm^2)

$V_{ot} = 811$ kN

$V_{on} = V_{oc} + V_{ot} \le \min\{ V_{on,BPx} ; V_{on,BPy} ; V_{bl}\}$: 외측패널 전단강도

$V_{oc} + V_{ot} = 2{,}227$ kN

$V_{on,BPx} = F_{y,BP} A_{BP}$ (기둥부 횡보강 BP에 의한 제한)

$A_{BP} = d_{BP} t_{BP} \times 3 = 10{,}500$ mm^2 (3가닥 단면적)

$V_{on,BPx} = 3{,}728$ kN

$V_{on,BPy} = \min\left\{ \dfrac{2F_{u,BP} t_{BP} b_{BP}}{\sqrt{3}} ; \dfrac{F_{y,BP} t_{BP}^2 d_{BP}}{0.0144 b_{BP}} \right\}$ (전단키 BP에 의한 제한)

$\dfrac{2F_{u,BP} t_{BP} b_{BP}}{\sqrt{3}} = 3{,}395$ kN (BP 전단작용)

$\dfrac{F_{y,BP} t_{BP}^2 d_{BP}}{0.0144 b_{BP}} = 5{,}687$ kN (BP 휨작용)

$V_{on,BPy} = 3{,}395$ kN

$V_{bl} = T_{bl} h_{bl} / d_j$ (기둥 주근 부착파괴에 의한 제한)

$T_{bl} = 1.16 \sqrt{f_{ck}} \varphi_{bl} d_j$ (기둥 주근 부착강도)

$\varphi_{bl} = 1{,}199$ mm (D32둘레길이×최외곽12가닥)

$h_{bl} = 663$ mm (최외곽 주근 중심간 거리)

$T_{bl} = 6{,}087$ kN

$V_{bl} = 5{,}830$ kN

$V_{on} = 2{,}227$ kN

$\phi V_{on} = \phi_s V_{on} = 1{,}671$ kN 외측패널 설계강도

⑤ 설계강도와 요구전단력 비교

$\phi V_{jn} = \phi V_{in} + \phi V_{on} = 5{,}101$ kN : 설계강도

$V_{jd} = 4{,}518$ kN : 요구전단력

$\phi V_{jn} / V_{jd} = 1.13$

설계강도가 요구전단력보다 크므로, 보의 항복조건을 만족한다.

(3) 비선형 모델

비선형 모델링에서는 강도감소계수 대신 [해설 표 3, 4, 5]의 기대강도계수를 적용한다.
RCS접합부의 모델링 변수 g_j, d_j, e_j, f_j, c_j는 [표 3]을 따른다.
강재보의 모델링 변수 a_b, b_b, c_b는 [표 5]를 따른다.

① 기대강도계수를 고려한 재료강도

$f_{ck} = 1.1 \times 40 = 44$ MPa : 콘크리트 기대강도

$f_y = 1.13 \times 500 = 565$ MPa : SD500 철근 기대항복강도

$f_y = 1.17 \times 400 = 468$ MPa : SD500 철근 기대항복강도

$F_y = 1.1 \times 355 = 391$ MPa : SN355 강재 기대항복강도

$F_u = 1.1 \times 490 = 539$ MPa : SN355 강재 기대인장강도

② 전단강도 계산결과 요약

$V_{sp} = 0.6F_{yw}t_{sp}\alpha_{sp}h = 2{,}193$ kN : 내측패널 웨브 전단강도

$V_{ic} = 1.7\alpha_c\sqrt{f_{ck}}b_ih = 2{,}706$ kN : 내측패널 콘크리트 전단강도

$V_{in} = V_{sp} + V_{ic} = 4{,}899$ kN : 내측패널 전단강도

$(M_{vb} - V_bh)/d_j = 6{,}846$ kN (수직지압파괴에 의한 제한)

$V_{oc} = 1.05\alpha_c\sqrt{f_{ck}}b_oh = 1{,}486$ kN : 외측패널 콘크리트 전단강도

$V_{ot} = f_{y,JH}A_{JH} = 949$ kN : 외측패널 횡보강요소 전단강도

$V_{on} = V_{oc} + V_{ot} = 2{,}434$ kN : 외측패널 전단강도

$V_{on,BPx} = 4{,}100$ kN (기둥부 횡보강 BP에 의한 제한)

$V_{on,BPy} = 3{,}734$ kN (전단키 BP에 의한 제한)

$V_{jn} = V_{in} + V_{on} = 7{,}334$ kN : 접합부 전단강도

$V_{jd} = 4{,}970$ kN : 접합부 요구전단력

$V_{jn}/V_{jd} = 1.48$: 접합부 전단강도비

③ 하중-변형 관계(Case 2에 해당)

성능점	총 층간변위비, δ_t	접합부 전단력, V_j
F	$\delta_{t,F} = \delta_{t,e} = \delta_{b,e} + \delta_{c,e} + \delta_{j,e} = 0.0109$ $\delta_{b,e} = \lambda \frac{V_{b,e} L_{bs}^3}{3E_s I_b} \frac{1}{L_b} = 0.00707$ $\delta_{c,e} = \lambda \frac{V_{c,e} H_{cs}^3}{3E_c I_c} \frac{1}{H_c} = 0.002$ $\delta_{j,e} = \lambda \theta_{j,e} L_{bs} \frac{1}{L_b} = 0.00185$ $\theta_{j,e} = 0.002$	$f_j V_{jn} = 3{,}667$ kN $V_{b,e} = 306$ kN $V_{c,e} = 841$ kN
B	$\delta_{t,B} = (\delta_{b,e} + \delta_{c,e}) \frac{V_{jn}}{f_j V_{jn}} + \lambda \theta_{j,B} \frac{L_{bs}}{L_b}$ $(\delta_{b,e} + \delta_{c,e}) \frac{V_{jn}}{f_j V_{jn}} = 0.0123$ $\theta_{j,B} = g_j = 0.00449$ $\delta_{t,B} = 0.0168$	$V_{jn} = 4{,}970$ kN
C	$\delta_{t,B} + \lambda (d_j - g_j) \frac{L_{bs}}{L_b} = 0.0614$	$V_{jn} = 4{,}970$ kN
D	$\delta_{t,B} + \lambda \left(\frac{d_j + e_j}{2} - g_j \right) \frac{L_{bs}}{L_b} = 0.0673$	$c_j V_{jn} = 2{,}400$ kN
E	$\delta_{t,B} + \lambda (e_j - g_j) \frac{L_{bs}}{L_b} = 0.0732$	$c_j V_{jn} = 2{,}400$ kN

④ 기둥 하중-변형 관계

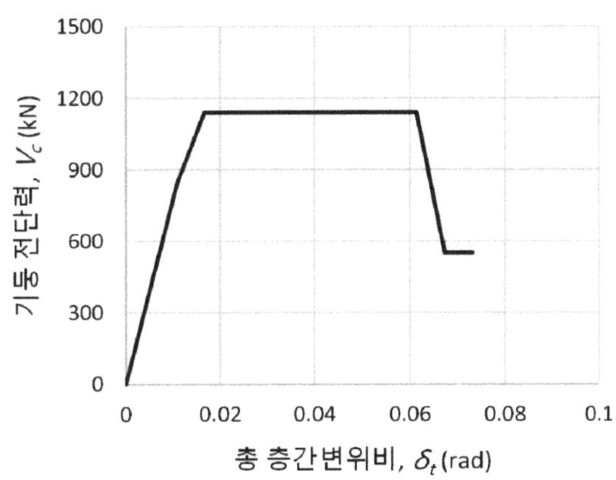

힘은 접합부 전단력 V_j 대신 기둥 전단력 $V_c = V_j / \left(\frac{H_c}{L_b} \frac{2L_{bs}}{d_j} - 1 \right)$로 나타내었다.

4 예제 3: 강재덮개판형

이 예제에서는 현장에서의 철근 및 거푸집 작업을 최소화하기 위해, 접합부 후프철근(JH) 대신 강재덮개판(CP)이 적용되고, 기둥부 띠철근(CT) 대신 강재띠판(BP)이 적용되었다. 표면지압판(FBP) 및 교차보(TB)도 함께 적용되었다.

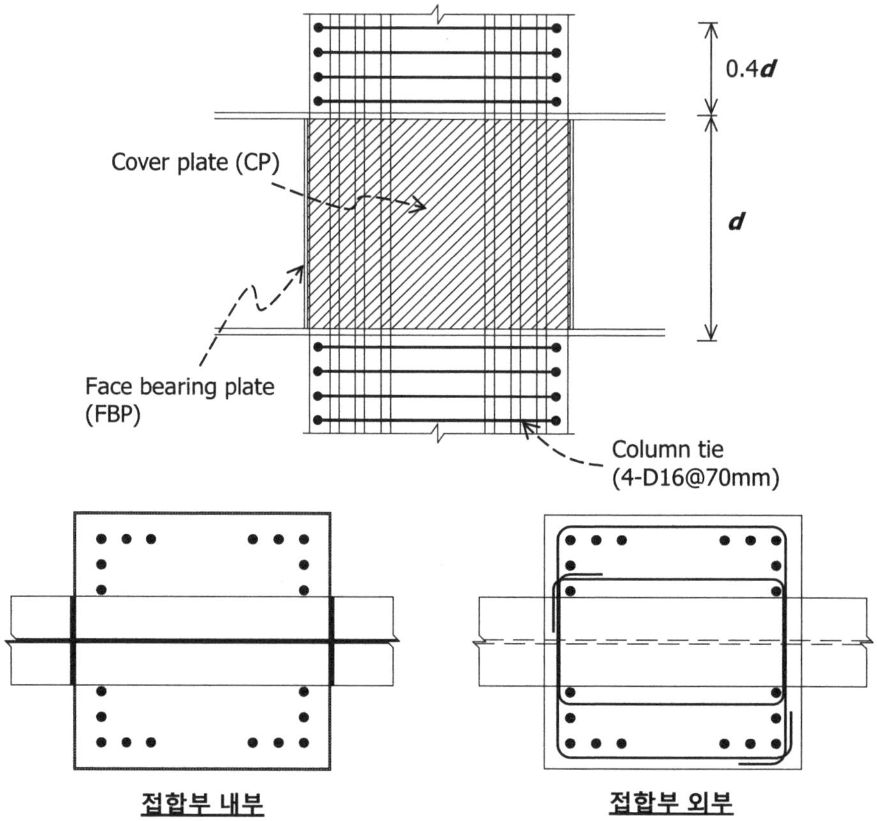

예제 그림 5. 강재덮개판을 적용한 RCS접합부 상세

(1) 접합부 상세

[강재 덮개판(CP)]

CP 항복강도	$F_{y,CP} = 355$ MPa
CP 인장강도	$F_{u,CP} = 490$ MPa
CP 두께	$t_{CP} = 6$ mm

[표면지압판(FBP)]

FBP 항복강도	$F_{y,FBP}$ = 355 MPa
FBP 인장강도	$F_{u,FBP}$ = 490 MPa
FBP 두께	t_{FBP} = 16 mm

[기둥부 띠철근(CT)]

CT 항복강도	$f_{y,CT}$ = 500 MPa
CT 호칭치수	D16
CT 공칭단면적(한 가닥)	A_{CT} = 199 mm^2
한 열당 보와 평행한 CT의 총 가닥수	4 legs
CT 열의 수(보 상하부 중 한쪽)	4 layers

(2) 접합부 설계강도 검토

① 접합부 요구전단력

$V_{jd} = 2M_{bp}/d_j - V_{c,bp}$ = 4,518 kN　　: 접합부 요구전단력

$V_{c,bp} = V_{bp}(L_b/H_c)$　　: 보 전소성모멘트 대응 기둥 전단력

$V_{bp} = M_{bp}/L_{bs}$ = 377 kN　　(보 전소성모멘트 대응 보 전단력)

$V_{c,bp}$ = 1,052 kN

② 접합부 유효크기

$d_j = d$ = 692 mm　　: 접합부 유효깊이

$b_i = b_f$ = 300 mm　　: 내측패널 유효폭

$b_o = y + \frac{2}{3}\alpha_x x - b_f \le b - b_i$　　: 외측패널 유효폭

y = 0

α_x = 1.0

$x = 0.7h$ = 560 mm

$y + \frac{2}{3}\alpha_x x - b_f$ = 73 mm

$b - b_i$ = 500 mm

b_o = 73 mm

$b_j = b_i + b_o$ = 373 mm　　: 접합부 유효폭

③ 내측패널 강도

$V_{sp} = 0.6F_{yw}t_{sp}\alpha_{sp}h$: 내측패널 웨브 전단강도

$\alpha_{sp} = 0.9$

$V_{sp} = 1{,}994$ kN

$V_{ic} = 1.7\alpha_c\sqrt{f_{ck}}b_ih \le \min\{0.5f_{ck}b_id_j\ ;\ V_{ic,FBP}\}$: 내측패널 콘크리트 전단강도

$\alpha_c = 1.0$

$1.7\alpha_c\sqrt{f_{ck}}b_ih = 2{,}580$ kN (대각압축스트럿)

$0.5f_{ck}b_id_j = 4{,}152$ kN (스트럿 끝단 지압파괴에 의한 제한)

$V_{ic,FBP} = \min\left\{\dfrac{2F_{u,FBP}t_{FBP}b_f}{\sqrt{3}}\ ;\ \dfrac{F_{y,FBP}t_{FBP}^2d_w}{0.04b_f}\right\}$ (FBP 상세에 의한 제한)

$\dfrac{2F_{u,FBP}t_{FBP}b_f}{\sqrt{3}} = 2{,}716$ kN (FBP 전단작용)

$\dfrac{F_{y,FBP}t_{FBP}^2d_w}{0.04b_f} = 4{,}938$ kN (FBP 휨작용)

$V_{ic,FBP} = 2{,}716$ kN

$V_{ic} = 2{,}580$ kN

$V_{in} = V_{sp} + V_{ic} \le (M_{vb} - V_bh)/d_j$: 내측패널 전단강도

$V_{sp} + V_{ic} = 4{,}574$ kN

$M_{vb} = C_{cb}h(1-\beta_1/2)$ (수직지압에 의한 모멘트)

$C_{cb} = \alpha_{cb}f_{ck}b_i(\beta_1h/2)$ (수직지압강도)

$\alpha_{cb} = 2$

$\beta_1 = 0.8$

$C_{cb} = 7{,}680$ kN

$M_{vb} = 3{,}686$ kN·m

$V_{bp} = M_{bp}/L_{bs}$ (보 전소성모멘트에 대응하는 보 전단력)

$M_{bp} = 1{,}922$ kN · m (보 전소성모멘트)

$L_{bs} = (L_b - h)/2 = 5{,}100$ mm (보 전단경간)

$V_b = V_{bp} = 377$ kN (보수적으로 최댓값으로 가정)

$(M_{vb} - V_bh)/d_j = 4{,}892$ kN (수직지압파괴에 의한 제한)

$\phi_b(M_{vb} - V_bh)/d_j = 3{,}179$ kN 강도감소계수 0.65(지압)

$\phi_s(V_{sp} + V_{ic}) = 3{,}431$ kN 강도감소계수 0.75(전단)

$\phi V_{in} = \phi_b(M_{vb} - V_bh)/d_j = 3{,}179$ kN 내측패널 설계강도(지압지배)

④ 외측패널 강도

$V_{oc} = 1.05\alpha_c\sqrt{f_{ck}}b_o h$: 외측패널 콘크리트 전단강도

$\alpha_c = 1.0$

$V_{oc} = 390$ kN

$V_{ot} = f_{y,CP}A_{CP}$: 외측패널 횡보강요소 전단강도

$A_{CP} = 2t_{CP}d_j = 8{,}304$ mm^2

$V_{ot} = 2{,}948$ kN

$V_{on} = V_{oc} + V_{ot} \leq \min\{V_{on,CT};\ V_{bl}\}$: 외측패널 전단강도

$V_{oc} + V_{ot} = 3{,}338$ kN

$V_{on,CT} = f_{y,CT}A_{CT}$ (기둥부 횡보강에 의한 제한)

$A_{CT} = 3{,}177$ mm^2 (4가닥×4열×199mm^2)

$V_{on,CT} = 1{,}588$ kN

$V_{bl} = T_{bl}h_{bl}/d_j$ (기둥 주근 부착파괴에 의한 제한)

$T_{bl} = 1.16\sqrt{f_{ck}}\varphi_{bl}d_j$ (기둥 주근 부착강도)

$\varphi_{bl} = 1{,}199$ mm (D32둘레길이×최외곽12가닥)

$h_{bl} = 663$ mm (최외곽 주근 중심간 거리)

$T_{bl} = 6{,}087$ kN

$V_{bl} = 5{,}830$ kN

$V_{on} = 1{,}588$ kN

$\phi V_{on} = \phi_s V_{on} = 1{,}191$ kN 외측패널 설계강도

⑤ 설계강도와 요구전단력 비교

$\phi V_{jn} = \phi V_{in} + \phi V_{on} = 4{,}371$ kN : 설계강도

$V_{jd} = 4{,}518$ kN : 요구전단력

$\phi V_{jn}/V_{jd} = 0.97$

설계강도가 요구전단력보다 작으므로, 보의 항복조건을 만족하지 않는다.

(3) 비선형 모델

비선형 모델링에서는 강도감소계수 대신 [해설 표 3, 4, 5]의 기대강도계수를 적용한다.
RCS접합부의 모델링 변수 g_j, d_j, e_j, f_j, c_j는 [표 3]을 따른다.
강재보의 모델링 변수 a_b, b_b, c_b는 [표 5]를 따른다.

① 기대강도계수를 고려한 재료강도

$f_{ck} = 1.1 \times 40 = 44$ MPa : 콘크리트 기대강도
$f_y = 1.13 \times 500 = 565$ MPa : SD500 철근 기대항복강도
$f_y = 1.17 \times 400 = 468$ MPa : SD500 철근 기대항복강도
$F_y = 1.1 \times 355 = 391$ MPa : SN355 강재 기대항복강도
$F_u = 1.1 \times 490 = 539$ MPa : SN355 강재 기대인장강도

② 전단강도 계산결과 요약

$V_{sp} = 0.6 F_{yw} t_{sp} \alpha_{sp} h = 2{,}193$ kN : 내측패널 웨브 전단강도
$V_{ic} = 1.7 \alpha_c \sqrt{f_{ck}} b_i h = 2{,}706$ kN : 내측패널 콘크리트 전단강도
$V_{in} = V_{sp} + V_{ic} = 4{,}899$ kN : 내측패널 전단강도
$(M_{vb} - V_b h)/d_j = 5{,}381$ kN (수직지압파괴에 의한 제한)
$V_{oc} = 1.05 \alpha_c \sqrt{f_{ck}} b_o h = 409$ kN : 외측패널 콘크리트 전단강도
$V_{ot} = f_{y,CP} A_{CP} = 3{,}242$ kN : 외측패널 횡보강요소 전단강도
$V_{on} = V_{oc} + V_{ot} = 3{,}651$ kN : 외측패널 전단강도
$V_{on,CT} = f_{y,CT} A_{CT} = 1{,}795$ kN (기둥부 횡보강에 의한 제한)
$V_{on} = 1{,}795$ kN
$V_{jn} = V_{in} + V_{on} = 6{,}694$ kN : 접합부 전단강도
$V_{jd} = 4{,}970$ kN : 접합부 요구전단력
$V_{jn}/V_{jd} = 1.35$: 접합부 전단강도비

③ 하중-변형 관계 (Case 2에 해당)

성능점	총 층간변위비, δ_t	접합부 전단력, V_j
F	$\delta_{t,F}=\delta_{t,e}=\delta_{b,e}+\delta_{c,e}+\delta_{j,e}=0.0101$ $\delta_{b,e}=\lambda\frac{V_{b,e}L_{bs}^3}{3E_sI_b}\frac{1}{L_b}=0.00646$ $\delta_{c,e}=\lambda\frac{V_{c,e}H_{cs}^3}{3E_cI_c}\frac{1}{H_c}=0.00183$ $\delta_{j,e}=\lambda\theta_{j,e}L_{bs}\frac{1}{L_b}=0.00185$ $\theta_{j,e}=0.002$	$f_jV_{jn}=3{,}347$ kN $V_{b,e}=279$ kN $V_{c,e}=768$ kN
B	$\delta_{t,B}=(\delta_{b,e}+\delta_{c,e})\frac{V_{jn}}{f_jV_{jn}}+\lambda\theta_{j,B}\frac{L_{bs}}{L_b}$ $(\delta_{b,e}+\delta_{c,e})\frac{V_{jn}}{f_jV_{jn}}=0.0123$ $\theta_{j,B}=g_j=0.00545$ $\delta_{t,B}=0.0178$	$V_{jn}=4{,}970$ kN
C	$\delta_{t,B}+\lambda(d_j-g_j)\frac{L_{bs}}{L_b}=0.0623$	$V_{jn}=4{,}970$ kN
D	$\delta_{t,B}+\lambda\left(\frac{d_j+e_j}{2}-g_j\right)\frac{L_{bs}}{L_b}=0.0683$	$c_jV_{jn}=2{,}400$ kN
E	$\delta_{t,B}+\lambda(e_j-g_j)\frac{L_{bs}}{L_b}=0.0742$	$c_jV_{jn}=2{,}400$ kN

④ 기둥 하중-변형 관계

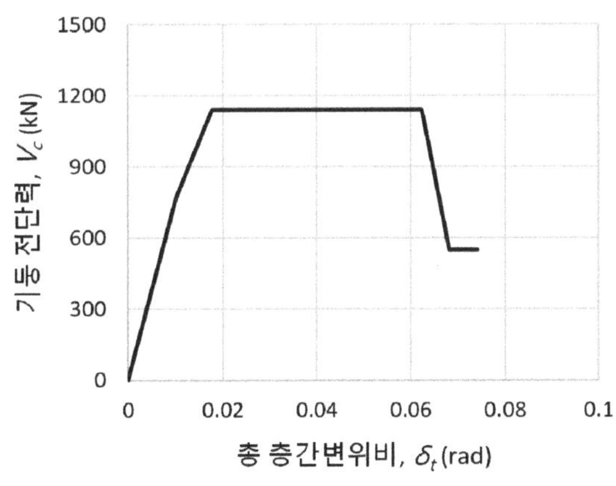

힘은 접합부 전단력 V_j 대신 기둥 전단력 $V_c=V_j/\left(\frac{H_c}{L_b}\frac{2L_{bs}}{d_j}-1\right)$로 나타내었다.

5 예제 4: 무전단키형

이 예제에서는 이 실무매뉴얼에서 허용하는 범위에서 가장 간단하게 RCS접합부를 구성하였다. 보강요소로는 전단키 없이, 표면지압판(FBP), 기둥부 띠철근(CT), 접합부 후프철근(JH)이 적용되었다.

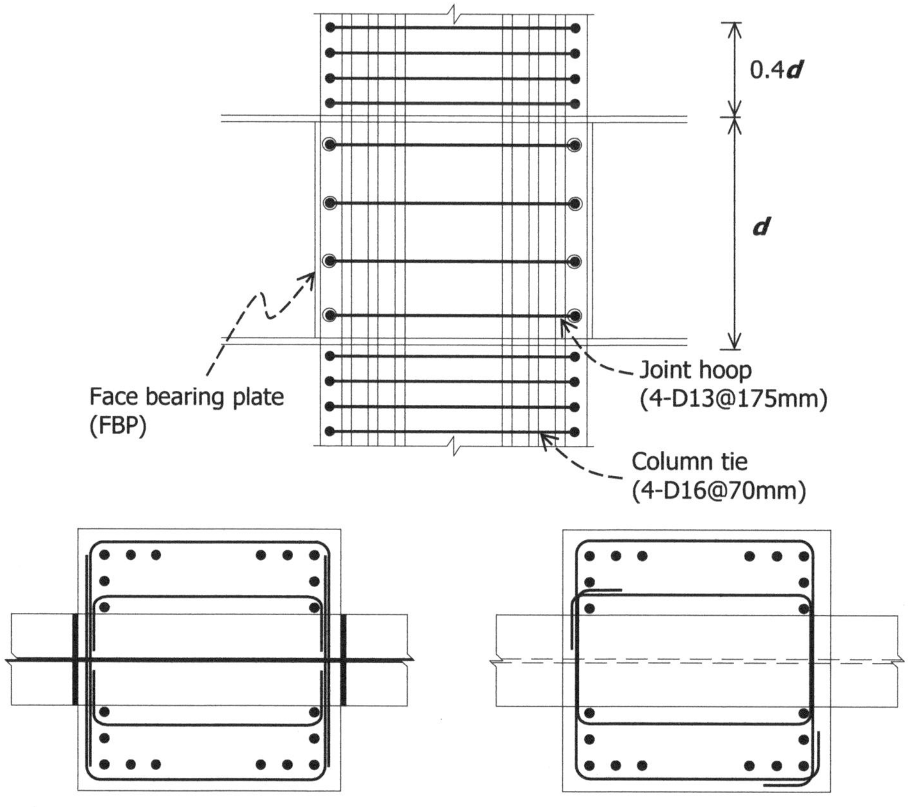

예제 그림 6. 표면지압판을 적용한 RCS접합부 상세

(1) 접합부 상세

[표면지압판(FBP)]

FBP 항복강도	$F_{y,FBP} = 355$ MPa
FBP 인장강도	$F_{u,FBP} = 490$ MPa
FBP 두께	$t_{FBP} = 16$ mm

[접합부 후프철근(JH)]

JH 항복강도	$f_{y,JH}=400$ MPa
JH 호칭치수	D13
JH 공칭단면적(한 가닥)	$A_{JH}=127$ mm^2
한 열당 보와 평행한 JH의 총 가닥수	2 legs
한 열당 보와 수직한 JH의 총 가닥수	4 legs
JH 열의 수	4 layers
JH 중심간간격	$s_{JH}=175$ mm
JH 체적비(피복두께 40 mm 가정)	$\rho_{JH}=0.0049$

[기둥부 띠철근(CT)]

CT 항복강도	$f_{y,CT}=500$ MPa
CT 호칭치수	D16
CT 공칭단면적(한 가닥)	$A_{CT}=199$ mm^2
한 열당 보와 평행한 CT의 총 가닥수	4 legs
CT 열의 수(보 상하부 중 한쪽)	4 layers

(2) 접합부 설계강도 검토

① 접합부 요구전단력

$V_{jd}=2M_{bp}/d_j-V_{c,bp}=4{,}518$ kN : 접합부 요구전단력

$V_{c,bp}=V_{bp}(L_b/H_c)$: 보 전소성모멘트 대응 기둥 전단력

$V_{bp}=M_{bp}/L_{bs}=377$ kN (보 전소성모멘트 대응 보 전단력)

$V_{c,bp}=1{,}052$ kN

② 접합부 유효크기

$d_j=d=692$ mm : 접합부 유효깊이

$b_i=b_f=300$ mm : 내측패널 유효폭

$b_o=y+\dfrac{2}{3}\alpha_x x-b_f\le b-b_i$: 외측패널 유효폭

$y=0$

$\alpha_x=1.0$

$x=0.7h=560$ mm

$$y+\frac{2}{3}\alpha_x x-b_f=73\text{ mm}$$

$$b-b_i=500\text{ mm}$$

$$b_o=73\text{ mm}$$

$$b_j=b_i+b_o=373\text{ mm}$$: 접합부 유효폭

③ 내측패널 강도

$$V_{sp}=0.6F_{yw}t_{sp}\alpha_{sp}h$$: 내측패널 웨브 전단강도

$$\alpha_{sp}=0.9$$

$$V_{sp}=1{,}994\text{ kN}$$

$$V_{ic}=1.7\alpha_c\sqrt{f_{ck}}b_i h\le\min\{0.5f_{ck}b_i d_j\ ;\ V_{ic,FBP}\}$$: 내측패널 콘크리트 전단강도

$$\alpha_c=1.0$$

$$1.7\alpha_c\sqrt{f_{ck}}b_i h=2{,}580\text{ kN}$$ (대각압축스트럿)

$$0.5f_{ck}b_i d_j=4{,}152\text{ kN}$$ (스트럿 끝단 지압파괴에 의한 제한)

$$V_{ic,FBP}=\min\left\{\frac{2F_{u,FBP}t_{FBP}b_f}{\sqrt{3}}\ ;\ \frac{F_{y,FBP}t_{FBP}^2d_w}{0.04b_f}\right\}$$ (FBP 상세에 의한 제한)

$$\frac{2F_{u,FBP}t_{FBP}b_f}{\sqrt{3}}=2{,}716\text{ kN}$$ (FBP 전단작용)

$$\frac{F_{y,FBP}t_{FBP}^2d_w}{0.04b_f}=4{,}938\text{ kN}$$ (FBP 휨작용)

$$V_{ic,FBP}=2{,}716\text{ kN}$$

$$V_{ic}=2{,}580\text{ kN}$$

$$V_{in}=V_{sp}+V_{ic}\le(M_{vb}-V_b h)/d_j$$: 내측패널 전단강도

$$V_{sp}+V_{ic}=4{,}574\text{ kN}$$

$$M_{vb}=C_{cb}h(1-\beta_1/2)$$ (수직지압에 의한 모멘트)

$$C_{cb}=\alpha_{cb}f_{ck}b_i(\beta_1 h/2)$$ (수직지압강도)

$$\alpha_{cb}=2$$

$$\beta_1=0.8$$

$$C_{cb}=7{,}680\text{ kN}$$

$$M_{vb}=3{,}686\text{ kN}\cdot\text{m}$$

$$V_{bp}=M_{bp}/L_{bs}$$ (보 전소성모멘트에 대응하는 보 전단력)

$$M_{bp}=1{,}922\text{ kN}\cdot\text{m}$$ (보 전소성모멘트)

$$L_{bs}=(L_b-h)/2=5{,}100\text{ mm}$$ (보 전단경간)

$V_b = V_{bp} = 377$ kN (보수적으로 최댓값으로 가정)

$(M_{vb} - V_b h)/d_j = 4{,}892$ kN (수직지압파괴에 의한 제한)

$\phi_b(M_{vb} - V_b h)/d_j = 3{,}179$ kN 강도감소계수 0.65(지압)

$\phi_s(V_{sp} + V_{ic}) = 3{,}431$ kN 강도감소계수 0.75(전단)

$\phi V_{in} = \phi_b(M_{vb} - V_b h)/d_j = 3{,}179$ kN 내측패널 설계강도(지압지배)

④ 외측패널 강도

$V_{oc} = 1.05\alpha_c\sqrt{f_{ck}}b_o h$: 외측패널 콘크리트 전단강도

$\alpha_c = 1.0$

$V_{oc} = 390$ kN

$V_{ot} = f_{y,JH}A_{JH}$: 외측패널 횡보강요소 전단강도

$A_{JH} = 3{,}037\ \text{mm}^2$ (2가닥×4열×127mm²)

$V_{ot} = 811$ kN

$V_{on} = V_{oc} + V_{ot} \le \min\{V_{on,CT} ;\ V_{bl}\}$: 외측패널 전단강도

$V_{oc} + V_{ot} = 1{,}200$ kN

$V_{on,CT} = f_{y,CT}A_{CT}$ (기둥부 횡보강에 의한 제한)

$A_{CT} = 3{,}177\ \text{mm}^2$ (4가닥×4열×199mm²)

$V_{on,CT} = 1{,}588$ kN

$V_{bl} = T_{bl}h_{bl}/d_j$ (기둥 주근 부착파괴에 의한 제한)

$T_{bl} = 1.16\sqrt{f_{ck}}\varphi_{bl}d_j$ (기둥 주근 부착강도)

$\varphi_{bl} = 1{,}199$ mm (D32둘레길이×최외곽12가닥)

$h_{bl} = 663$ mm (최외곽 주근 중심간 거리)

$T_{bl} = 6{,}087$ kN

$V_{bl} = 5{,}830$ kN

$V_{on} = 1{,}200$ kN

$\phi V_{on} = \phi_s V_{on} = 900$ kN 외측패널 설계강도

⑤ 설계강도와 요구전단력 비교

$\phi V_{jn} = \phi V_{in} + \phi V_{on} = 4{,}080$ kN : 설계강도

$V_{jd} = 4{,}518$ kN : 요구전단력

$\phi V_{jn}/V_{jd} = 0.90$

설계강도가 요구전단력보다 작으므로, 보의 항복조건을 만족하지 않는다.

(3) 비선형 모델

비선형 모델링에서는 강도감소계수 대신 [해설 표 3, 4, 5]의 기대강도계수를 적용한다. RCS접합부의 모델링 변수 g_j, d_j, e_j, f_j, c_j는 [표 3]을 따른다.

강재보의 모델링 변수 a_b, b_b, c_b는 [표 5]를 따른다.

① 기대강도계수를 고려한 재료강도

$f_{ck} = 1.1 \times 40 = 44$ MPa : 콘크리트 기대강도

$f_y = 1.13 \times 500 = 565$ MPa : SD500 철근 기대항복강도

$f_y = 1.17 \times 400 = 468$ MPa : SD500 철근 기대항복강도

$F_y = 1.1 \times 355 = 391$ MPa : SN355 강재 기대항복강도

$F_u = 1.1 \times 490 = 539$ MPa : SN355 강재 기대인장강도

② 전단강도 계산결과 요약

$V_{sp} = 0.6F_{yw}t_{sp}\alpha_{sp}h = 2{,}193$ kN : 내측패널 웨브 전단강도

$V_{ic} = 1.7\alpha_c\sqrt{f_{ck}}b_ih = 2{,}706$ kN : 내측패널 콘크리트 전단강도

$V_{in} = V_{sp} + V_{ic} = 4{,}899$ kN : 내측패널 전단강도

$(M_{vb} - V_bh)/d_j = 5{,}381$ kN (수직지압파괴에 의한 제한)

$V_{oc} = 1.05\alpha_c\sqrt{f_{ck}}b_oh = 409$ kN : 외측패널 콘크리트 전단강도

$V_{ot} = f_{y,JH}A_{JH} = 949$ kN : 외측패널 횡보강요소 전단강도

$V_{on} = V_{oc} + V_{ot} = 1{,}357$ kN : 외측패널 전단강도

$V_{on,CT} = f_{y,CT}A_{CT} = 1{,}795$ kN (기둥부 횡보강에 의한 제한)

$V_{jn} = V_{in} + V_{on} = 6{,}257$ kN : 접합부 전단강도

$V_{jd} = 4{,}970$ kN : 접합부 요구전단력

$V_{jn}/V_{jd} = 1.26$: 접합부 전단강도비

③ 하중–변형 관계(Case 2에 해당)

성능점	총 층간변위비, δ_t	접합부 전단력, V_j
F	$\delta_{t,F}=\delta_{t,e}=\delta_{b,e}+\delta_{c,e}+\delta_{j,e}=0.0096$ $\delta_{b,e}=\lambda\frac{V_{b,e}L_{bs}^3}{3E_sI_b}\frac{1}{L_b}=0.00603$ $\delta_{c,e}=\lambda\frac{V_{c,e}H_{cs}^3}{3E_cI_c}\frac{1}{H_c}=0.00171$ $\delta_{j,e}=\lambda\theta_{j,e}L_{bs}\frac{1}{L_b}=0.00185$ $\theta_{j,e}=0.002$	$f_jV_{jn}=3{,}128$ kN $V_{b,e}=261$ kN $V_{c,e}=718$ kN
B	$\delta_{t,B}=(\delta_{b,e}+\delta_{c,e})\frac{V_{jn}}{f_jV_{jn}}+\lambda\theta_{j,B}\frac{L_{bs}}{L_b}$ $(\delta_{b,e}+\delta_{c,e})\frac{V_{jn}}{f_jV_{jn}}=0.0123$ $\theta_{j,B}=g_j=0.00622$ $\delta_{t,B}=0.0185$	$V_{jn}=4{,}970$ kN
C	$\delta_{t,B}+\lambda(d_j-g_j)\frac{L_{bs}}{L_b}=0.0631$	$V_{jn}=4{,}970$ kN
D	$\delta_{t,B}+\lambda\left(\frac{d_j+e_j}{2}-g_j\right)\frac{L_{bs}}{L_b}=0.0690$	$c_jV_{jn}=2{,}400$ kN
E	$\delta_{t,B}+\lambda(e_j-g_j)\frac{L_{bs}}{L_b}=0.0749$	$c_jV_{jn}=2{,}400$ kN

④ 기둥 하중–변형 관계

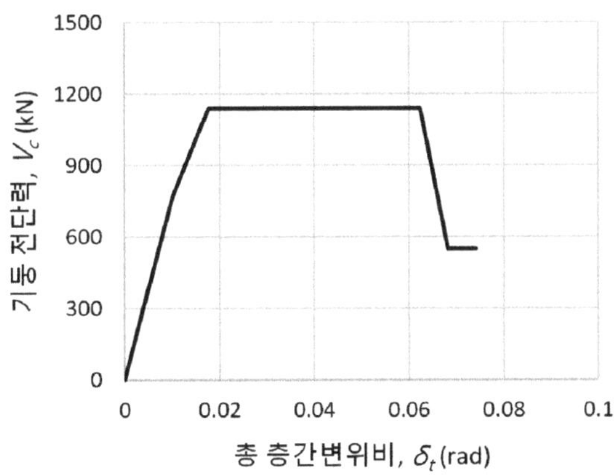

힘은 접합부 전단력 V_j 대신 기둥 전단력 $V_c=V_j/\left(\frac{H_c}{L_b}\frac{2L_{bs}}{d_j}-1\right)$로 나타내었다.

부록 1 RCS접합부 관련 KDS 조항

KDS	RCS접합부 관련조항
KDS 41 17 00 : 2022 건축물 내진설계기준	11. 합성구조의 고려사항 11.3 재료, 접합부, 부재에 대한 요구사항 (1) 합성구조에서 콘크리트 및 강재에 대한 재료, 접합부, 부재에 대한 요구사항은 각각 KDS 41 20 00 건축물 콘크리트구조 설계기준과 KDS 41 31 20 건축물 강구조 설계기준, KDS 41 30 20 건축물 강합성구조 설계기준에 따른다. 구조시스템의 거동이 부재의 연성거동에 의하여 지배되도록 강-콘크리트 연결부, 부재의 접합부에서 조기파괴가 발생하지 않도록 충분한 강도를 가져야 한다. 11.4 콘크리트와 강재의 연결 (1) 모든 접합부와 부재에서 콘크리트와 강재는 일체화 되어야 하며 이를 위하여 다음과 같은 연결상세를 사용한다. ① 콘크리트와 강재사이에 압축력을 전달하는 경우에는 충분한 콘크리트 지압강도가 확보되어야 한다. ② 콘크리트와 강재사이에 전단력 또는 미끄러짐 전단력이 작용하는 경우에는 전단연결재를 설치한다. ③ 철근과 강재사이에 인장력을 전달하는 경우에는 용접 또는 기계적 정착을 사용하여 연결한다. 11.5 보-기둥 접합부 (1) 매입형 기둥을 사용하는 경우 접합부는 횡보강철근에 의하여 횡구속하며, 강재보는 기둥내부에 정착되어야 한다. 접합부는 요구전단력에 대하여 충분히 안전하게 설계되어야 한다. 11.6 합성시스템의 설계 11.6.1 합성특수모멘트골조 (1) 합성특수모멘트골조의 설계는 설계지진하중에 의해 주로 보에 상당한 크기의 비탄성변형이 발생하고 기둥 또는 접합부에는 제한된 크기의 비탄성변형이 발생하도록 KDS 41 30 20 건축물 강합성구조 설계기준의 4.2 합성구조의 내진설계를 따른다. 11.6.2 합성중간모멘트골조 (1) 합성중간모멘트골조의 설계는 설계지진하중에 의한 비탄성변

<table>
<tr><td></td><td>형이 주로 보에서 발생하고 기둥 또는 접합부에는 부분적인 비탄성변형이 발생하도록 KDS 41 30 20 건축물 강합성구조 설계기준의 4.2 합성구조의 내진설계를 따른다.</td></tr>
<tr><td>KDS 41 30 20 : 2022
건축물 강합성구조
설계기준</td><td>4.2 합성구조의 내진설계
4.2.4 하중, 하중조합 및 공칭강도
4.2.4.2 공칭강도
(1) 시스템과 부재 그리고 접합부의 공칭강도는 이 규정을 통해 수정된 경우를 제외하고는 이 장의 요구사항에 따라 결정된다.

4.2.5 일반재료
4.2.5.1 구조용강재
(1) 합성지진하중저항시스템에 사용되는 구조용강재의 부재 및 접합부는 KDS 41 30 10(3)의 요구사항을 만족하여야 한다. 4.2.8, 4.2.9, 4.2.12, 4.2.14, 4.2.16, 그리고 4.2.17의 합성지진하중저항시스템에 사용되는 구조용강재는 4.2.6과 4.2.7의 요구사항을 만족하여야 한다.

4.2.5.2 콘크리트와 철근
(1) 합성지진하중저항시스템의 합성요소에 사용되는 콘크리트와 철근은 KDS 14 20 80(4.1.4~4.1.7)의 요구사항을 만족하여야 한다.
4.2.11, 4.2.13 그리고 4.2.15의 합성보통내진시스템에 사용되는 콘크리트와 철근은 4.1과 KDS 41 20 00(4.18은 제외)의 요구사항을 만족하여야 한다.

4.2.7 합성접합부
4.2.7.1 범위
(1) 이 조항은 지진하중이 강재와 철근콘크리트부재 사이에서 전달되는 합성시스템 또는 강재와 콘크리트의 복합시스템을 갖는 건물의 접합부에 대하여 적용한다. 합성접합부는 KDS 14 31 60과 KDS 41 20 00의 요구사항을 만족하는 철근콘크리트접합부 또는 강재접합부에 상응하는 강도, 연성, 그리고 인성을 발휘할 수 있어야 한다. 접합부강도의 계산법은 이 절의 요구사항을 만족하여야 한다.

4.2.7.2 일반 요구사항
(1) 접합부는 설계층간변위에서의 소요강도에 저항할 수 있도록 적절한 변형능력을 발휘할 수 있어야 한다. 이외에도 접합부는</td></tr>
</table>

지진력을 받는 건물의 횡방향안정성을 확보할 수 있도록 그 접합부가 사용되는 특정시스템에 근거하여 4.2.8에서 4.2.17까지의 요구사항을 만족하여야 한다. 접합된 부재의 설계강도가 공칭 치수와 공칭재료강도에 근거할 때 접합부의 설계강도의 계산은 접합된 부재의 실제강도의 증가에 따른 효과를 고려하여야 한다.

4.2.7.3 접합부의 공칭강도

(1) 합성구조시스템에서의 접합부의 공칭강도는 한계상태를 고려하여 구성재료 및 요소의 내부힘의 평형과 강도의 제한값을 만족하는 합리적 모델에 근거하여 결정되어야 한다. 접합부강도가 해석과 실험에 의해 결정되지 않는다면 접합부 해석에 사용되는 모델은 4.2.7.3(1)①에서 ⑤까지의 요구사항을 만족하여야 한다.

① 구조용강재와 철근콘크리트 사이에 힘은 다음과 같은 방법을 통해 전달되어야 한다.

가. 스터드전단연결재나 적절한 장치에 의한 직접적인 지압

나. 기계적인 방법

다. 전단력전달면에 직교하는 방향으로 조이는 힘에 의한 전단마찰

라. 이러한 여러 방법의 조합

구조용 강재와 철근콘크리트 사이의 부착강도는 접합부의 하중전달 메커니즘에서 고려하지 않는다. 서로 다른 메커니즘들의 기여도는 이러한 메커니즘들의 강성과 변형능력이 서로 적합조건을 만족할 때에 한하여 합산이 가능하다.

공칭지압과 전단마찰강도는 KDS 14 20 20과 KDS 41 20 00(4.5)의 요구사항을 만족하여야 한다. 더 높은 강도가 반복하중실험에 의해 입증되지 않는다면 4.2.9, 4.2.12, 4.2.14, 4.2.16, 그리고 4.2.17에서 설명된 합성내진시스템에 대하여 공칭지압과 전단마찰강도를 25% 감소시켜야 한다.

② 합성접합부에서 구조용강재요소의 설계강도는 KDS 14 31 60과 이 기준에 따라 구한다. 구속된 철근콘크리트에 매입된 강재부재는 면외좌굴에 대하여 지지된 것으로 볼 수 있다. <u>강재보가 철근콘크리트기둥이나 벽에 묻히는 경우 강재보의 플랜지 사이에 설치된 스티프너에 해당하는 표면지압판이 필요하다.</u>

③ 철근콘크리트에 매입된 보-기둥접합부의 패널존의 공칭전단강도는 4.2.9.3과 KDS 14 20 80(4.3)에서 각각 결정되는 강재의 공칭강도와 구속된 철근콘크리트전단요소의 공칭강도의 합으로 계산한다.

④ 철근은 접합부의 철근콘크리트요소에 작용하는 모든 인장력에 저항할 수 있도록 배근한다. 이외에도 콘크리트는 횡방향철근에 의해 구속되어야 한다. 모든 철근은 인장 또는 압축을 저항하는데 필요한 위치 넘어서까지 충분히 정착한다. 정착길이는 KDS 14 20 52에 따라 결정한다. 그리고 4.2.9, 4.2.12, 4.2.14, 4.2.16 그리고 4.2.17에서 설명된 시스템에 대한 정착길이는 KDS 14 20 80(4.6.4)의 요구사항을 만족하여야 한다.

⑤ 접합부는 다음의 추가적인 요구사항을 만족하여야 한다.

가. 슬래브가 수평방향의 다이아프램 힘을 전달할 때, 수집부재보, 기둥, 가새, 그리고 벽체와의 연결부를 포함하여 슬래브의 모든 위험단면에 작용하는 면내인장력을 지지할 수 있도록 슬래브철근을 설계하고 정착하여야 한다.

나. 강재보 또는 합성보를 철근콘크리트기둥 또는 매입형 합성기둥과 접합하는 경우에는 횡방향 후프를 KDS 14 20 80(4.5)의 요구사항을 만족하도록 기둥의 접합부영역 내에 설치하여야 한다. 다만, 다음의 수정사항에 해당할 경우는 예외로 한다.

(가) 접합부에 연결된 강재단면은 보플랜지 사이에 용접된 표면지압판과 동일한 폭만큼 구속할 수 있는 것으로 간주한다.

(나) 4.2.10, 4.2.11, 4.2.13 그리고 4.2.15에서 설명된 시스템에서 표면지압판 또는 다른 장치에 의해 콘크리트피복의 박락을 방지함으로써 이음에 대한 구속이 이루어지는 경우 바깥쪽 띠철근에 겹침이음을 사용하는 것이 허용된다.

(다) 철근콘크리트기둥과 합성기둥에서, 보-기둥접합부의 높이에 걸친 기둥모멘트의 변화에 따른 큰 힘의 전달로 인한 접합부를 통한 길이방향 철근의 미끄러짐을 최소화할 수 있도록 길이방향철근의 치수와 배치를 설계하여야 한다.

4.2.9 합성특수모멘트골조

4.2.9.1 범위

(1) 이 조항은 합성기둥 또는 철근콘크리트기둥과 강재보 또는 합성보로 구성된 모멘트골조에 적용한다. 합성특수모멘트골조의 설계는 설계지진하중에 의해 주로 보에 상당한 크기의 비탄성변형이 발생하며 기둥 또는 접합부에는 제한된 크기의 비탄성변형이 발생한다는 가정 하에 이루어진다.

4.2.9.4 합성특수모멘트골조 모멘트접합부

(1) 보-기둥모멘트접합부의 소요강도는 보의 예상되는 휨강도 $R_y M_n$과 관련된 휨과 전단으로부터 결정된다. 접합부의 공칭강도는 4.2.7의 요구사항을 만족해야 한다. 이외에도 <u>접합부는 0.04 rad의 총층간변위각을 발휘할 수 있어야 한다.</u> 접합부의 위치에서 보플랜지가 연속되지 않는 경우 접합부는 KDS 14 31 60의 모멘트골조 보-기둥 접합부 성능입증 항목에서 명시된 반복하중실험을 통해 최소한 0.04 rad의 총층간변위각을 발휘할 수 있음을 입증하여야 한다. 강재보가 철근콘크리트기둥을 통해 관통함으로써 보플랜지의 용접접합이 필요하지 않으며 접합부가 다른 조기파단의 위험이 없는 경우 비탄성회전능력은 실험 또는 다른 구체적인 자료에 의해 증명되어야 한다.

4.2.10 합성중간모멘트골조

4.2.10.1 범위

(1) 이 조항은 합성기둥 또는 철근콘크리트기둥과 강재보 또는 합성보로 구성된 모멘트골조에 적용한다. 합성중간모멘트골조의 설계는 설계지진하중에 의한 비탄성변형이 주로 보에서 발생하며 기둥 또는 접합부에는 부분적인 비탄성변형이 발생한다는 가정 하에 이루어진다.

4.2.10.4 합성중간모멘트골조 모멘트접합부

(1) 접합부의 공칭강도는 4.2.7의 요구사항을 만족해야 한다. 보-기둥접합부의 소요강도는 다음과 같은 요구사항 중의 하나를 만족하여야 한다.

① 보-기둥접합부의 소요강도는 보의 소성힌지와 관련된 힘에 의해 결정된다.

	② 접합부는 4.2.7의 요구사항들을 만족해야 하며 반복하중실험을 통해 최소 0.03 rad의 총층간변위각을 발휘할 수 있음을 입증하여야 한다. 4.2.11 합성보통모멘트골조 4.2.11.1 범위 (1) 이 조항은 합성기둥 또는 철근콘크리트기둥과 강재보 또는 합성보로 구성된 모멘트골조에 적용한다. 합성보통모멘트골조의 설계는 설계지진하중에 의해 보와 기둥, 그리고 접합부에 제한된 비탄성변형이 발생한다는 가정 하에 이루어진다. 4.2.11.4 모멘트접합부 (1) 접합부는 KDS 41 30 10(1.6.1)의 하중조합에 대해 설계해야 한다. 또한 접합부의 설계강도는 KDS 14 31 60(4.1.2)와 KDS 14 31 60 보통모멘트골조 보-기둥 접합부의 요구사항을 만족하여야 한다.

부록 2 주요 기존설계지침

*설계지침간 직접비교를 위해, 일부 기호는 원 설계지침의 기호 대신 통일성 있는 기호로 변경함.

(1) ASCE 1994 지침

구분	지침
적용 범위	• 보 관통형, 연속 및 단부 접합부(지붕층 접합부 적용불가) • 형상비 $0.75 \le h/d \le 2.0$, 콘크리트 $f_{ck} \le 40$ MPa, 강재 $F_y \le 345$ MPa, 철근 $f_y \le 410$ MPa • 중약진지역 대상 • FBP, JH, CT(이상 필수), EFBP, SC, VJR 고려
유효 접합부	$b_j = b_i + b_o$ • $b_i = \max\{b_{FBP}; b_f\}$ • b_o 및 d_o는 전단키에 따라 다름: EFBP 또는 SC가 있는 경우, $b_o = C(b_m - b_i) < 2d_o$, $C = (x/h)(y/b_f)$, $b_m = (b_f + b)/2 < b_f + h < 1.75b_f$, $d_o = \min\{0.25d \,;\, d_{EFBP}\}$, $x = h$ (EFBP) 또는 $x = h/2 + h_{SC}/2$ (SC), $y = \max\{b_{SC} \,;\, b_{EFBP}\}$, EFBP와 SC가 없는 경우, $b_o = d_o = 0$
강도 설계	[전단파괴] • $\Sigma M_c - V_b jh \le \phi\left[V_{n,sp} d_f + 0.75 V_{n,cs} d_w + V_{n,cf}(d + d_o)\right]$ • $\Sigma M_c = M_{c1} + M_{c2}$, $V_b = (V_{b1} + V_{b2})/2$ • $jh = \dfrac{\Sigma M_c}{\phi(T_{n,VJR} + C_{n,VJR} + C_{n,cb}) - \Delta V_b/2} \ge 0.7h$ (보수적으로 최솟값인 $jh = 0.7h$ 사용가능), $C_{n,cb} = 2f_{ck} b_j a_{cb}$, $a_{cb} = h/2 - \sqrt{h^2/4 - K} \le 0.3h$, $K = \left[\Sigma M_c + \Delta V_b h/2 - \phi(T_{n,VJR} + C_{n,VJR})h_{VJR}\right]/\phi 2 f_{ck} b_j$, $\Delta V_b = V_{b2} - V_{b1}$ • $V_{n,sp} = 0.6F_{y,sp} t_{sp}\, jh$ • $V_{n,cs} = 1.7\sqrt{f_{ck}}\, b_{FBP}\, h \le 0.5 f_{ck} b_{FBP} d_w$ (압축스트럿 끝단에서의 지압파괴를 방지하기 위해 $2.0f_{ck} \times b_{FBP} 0.25\, d_w$으로 최댓값 제한), $b_{FBP} \le b_f + 5t_{FBP} \le 1.5b_f$ • $V_{n,cf} = V_{n,cfc} + V_{n,JH} \le 1.7\sqrt{f_{ck}}\, b_o h$ (수평투영면적 $b_o h$에 평균전단응력 $1.7\sqrt{f_{ck}}$이 작용한다고 가정하여 최댓값 제한), $V_{n,cfc} = 0.4\sqrt{f_{ck}}\, b_o h$ (순인장력이 받는 경우 $V_{n,cfc} = 0$), $V_{n,JH} = A_{JH} f_{y,JH} 0.9h/s_{JH}$

	[지압파괴] • $\Sigma M_c + 0.35h\Delta V_b \le \phi\left[0.7hC_{n,cb} + h_{VJR}\left(T_{n,VJR} + C_{n,VJR}\right)\right]$ • $C_{n,cb} = 0.6f_{ck}b_j h$ ($f_{cb} = 2f_{ck}$, $a_{cb} = 0.3h$, 접합부 전체 유효폭 b_j의 지압파괴 가정), $T_{n,VJR} + C_{n,VJR} \le 0.3f_{ck}b_j h$ (VJR의 보강량이 많더라도 강재보 플랜지 사이 콘크리트의 지압파괴를 고려하여 최댓값 제한)
	[부착파괴] • 접합부를 관통하는 기둥 주철근의 지름 $d_{bl} < (d+2d_o)/20$ 또는 철근하중의 변화 $\Delta F_{bl} < 80(d+2d_o)\sqrt{f_{ck}}$ 　– 기둥 주철근의 크기를 제한함으로써 접합부 휨모멘트 전달시 철근하중의 급격한 변화를 제어하여 기둥 주철근의 슬립에 의한 부착파괴 방지
요구 상세	• FBP: $t_{FBP} \ge \max\left\{\frac{\sqrt{3}}{b_f F_{u,FBP}}(V_{cs} - b_f t_w F_{yw});\ \frac{\sqrt{3}\,V_{cs}}{2b_f F_{u,FBP}};\ 0.2\sqrt{\frac{V_{cs}b_{FBP}}{F_{y,FBP}\,d_w}};\ \frac{b_{FBP}}{22};\ \frac{b_{FBP}-b_f}{5}\right\}$ 　– V_{cs}는 전단강도 설계공식에서 $V_{n,cf} = 0$으로 두고 계산한 $V_{n,cs}$ 　– 콘크리트 지압에 의해 FBP가 전단파괴하거나 휨항복하지 않도록 두께를 제한하는 것이며, 이때 FBP는 전단과 휨에 대해 전 강도(Full Capacity)를 발휘할 수 있도록 강재보와 용접되어야 함 • JH: $A_{JH} \ge 0.004bs_{JH}$ 　– 접합부 콘크리트의 연속적인 횡보강을 위해서는 한 열에 한 쌍 이상의 U형 후프철근(Cap Ties)을 강재웨브를 관통하여 배치해야 하며(몇 열을 배치해야 하는지는 명시하지 않음), 이때 천공된 위치가 기둥표면에서 0.15h 이내이고 천공된 단면에서 강재웨브의 총단면적에 대한 순단면적의 비가 0.7 이상인 경우에는 천공에 의한 강재패널의 전단강도 저감은 무시할 수 있고, FBP는 U형 후프철근의 정착성능을 개선시킴 • CT(강재보 상하 0.4d 이내): 최소 3열 이상이고 각 열에는 직경 10 mm 철근 4개($b \le$500 mm), 직경 12 mm 철근 4개(500$< b \le$750 mm), 또는 직경 16 mm 철근 4개($b >$750 mm)와 등가 이상의 철근을 배치하여야 하며, $A_{CT} \ge V_{n,cf}/f_{y,CT}$ • 강재보 플랜지: $t_f \ge 0.3\sqrt{\frac{b_f t_{wp} d F_{y,wp}}{hF_{yf}}}$ 　– 강재패널의 전단강도에 대응되는 콘크리트 지압에 의해 강재보 플랜지가 휨항복하지 않도록 두께를 제한하는 것이며, 만족하지 못하는 경우 플랜지에 추가적으로 수직스티프너 또는 수평지압판을 용접설치해야 함

	• EFBP 또는 SC 플랜지: $t_{EFBP} \geq 0.12\sqrt{\dfrac{V_{n,cf}b_{EFBP}}{d_o F_{y,EFBP}}}$ (EFBP), $t_{f,SC} \geq 0.12\sqrt{\dfrac{V_{n,cf}b_{SC}}{d_o F_{yf,SC}}}$ (SC) – $V_{n,cf}$를 지지하기 위해 필요한 두께로서, 평균지압응력과 작용높이를 $2.0f_{ck} \times d_o$로 가정 • 강재보 단면폭: 시공성을 고려하여(접합부 콘크리트 타설), 보 단면폭은 기둥 단면폭의 1/2 이하 권고
기타	• 압축력 효과는 보수적으로 무시, 이방향 접합부는 각 방향별로 분리하여 설계, 강도감소계수 ϕ=0.7

(2) Kanno 식(Kanno, 1993; Kanno and Deierlein, 2002)

구분	지침
적용 범위	• 보 관통형(접합부 위치에 대한 언급 없음) • 형상비 및 재료에 대한 언급 없음 • 강진지역 적용가능 • FBP(필수), JH, CT, EFBP, SC, VJR, BP, TB 고려
유효 접합부	$b_j = b_i + b_o$ 및 $d_j = 1.1d$ • $b_i = \max\{b_{FBP}\ ;\ b_f\}$, 다만 계산시 $b_{FBP} < b_f + 5t_{FBP}$ • b_o는 전단키에 따라 다름(여러 보강상세에 대한 값 중 가장 큰 값 사용): $b_o = C(b_m - b_i)$, $C = \alpha(x/h)\left[0.3 + 0.7(y/\overline{b_f})\right]$, $\alpha = 0.7$ (TB가 있는 경우) 또는 그 이외 $\alpha = 1.0$, $b_m = (\overline{b_f} + b)/1.5 \le b$, $\overline{b_f} = \max\{b_i\ ;\ y\}$, $x = h$, $y = b_f$ (EFBP), x =기둥면에 가장 가까운 열(밀려나감)을 제외한 나머지 VJR의 도심으로부터 기둥면까지의 길이, y =VJR 중심간 폭 (VJR), $x = h$, $y = b$ (BP), $x = 0.5h$, $y = b$ (TB), $x = 0.7h$, $y = 0$ (전단키가 없는 경우)
강도 설계	[설계식] $V_b = V_{bi} + V_{bo} = \dfrac{H_c}{L_b(H_c - d_j)}(2M_{ci} + 2M_{co})$ [내측패널: 전단파괴 또는 지압파괴] $2M_{ci} = \min\{(V_{n,sp}d_f + V_{n,cs}0.75d_w)\ ;\ (2C_{n,cb}h_{cb} + 2T_{n,VJR}h_{VJR})\}$ • $V_{n,sp} = (F_{y,sp}/\sqrt{3})t_{sp}jh$, $jh = 0.8h$ • $V_{n,cs} = 1.65\sqrt{f_{ck}}b_ih$ • $C_{n,cb} = 0.85f_{cb}b_i\beta_1(h/2)$, $h_{cb} = (1 - \beta_1/2)(h/2)$ – 내측패널 유효폭 b_i만 사용하였으며, ASCE 1994의 CT 최소요구상세 만족 시 $f_{cb} = 1.9f_{ck}$, $\beta_1 = 0.58$ [외측패널: 전단파괴 또는 부착파괴] $2M_{co} = \min\{V_{n,cf}d_j\ ;\ F_{n,bl}h_{bl}\}$ • $V_{n,cf} = V_{n,cfc} + V_{n,JH} \le 1.65\sqrt{f_{ck}}b_oh$: $V_{n,cfc} = 1.05\sqrt{f_{ck}}b_oh$, $V_{n,JH} = A_{JH}f_{y,JH}0.9h/s_{JH}$ • $F_{n,bl} = 1.16\sqrt{f_{ck}}\varphi_{bl}d_j$, h_{bl} =인장측 및 압축측 기둥 주철근의 중심간 거리, φ_{bl} =모든 기둥 주철근의 둘레길이 합
요구 상세	• JH: 접합부 강도의 관점에서 ASCE 1994의 최소요구상세 완화가능성 언급 • CT: CT와 접합부 강도의 상관관계가 뚜렷하지 않음을 규명하고, ASCE 1994의 최소요구상세 완화가능성 언급

기타	• ASCE 1994는 연속접합부에 대해 과안전측이므로(특히 지압파괴강도) ASCE 1994를 개선함(즉, 별도로 명시되지 않은 사항은 ASCE 1994를 따름) • 외측패널의 전단파괴와 내측패널의 지압파괴와 동시에 발생할 수 있음을 강조하고 파괴모드 재정립

(3) Parra-Montesinos 식(Parra-Montesinos 2000, Parra-Montesinos and Wight 2001, Parra-Montesinos, Liang, and Wight 2003)

구분	지침
적용 범위	• 보 관통형, 연속 및 단부 접합부 • 형상비 0.6$\leq h/d \leq$1.3, 콘크리트 21$\leq f_{ck} \leq$70 MPa (강재와 철근에 대해서는 언급 없음) • 강진지역에 적용가능하면서도 간단한 상세를 가지는 2가지 상세 특정: 표준상세형 (RCS with Standard Details), 강재띠판형 (RCS with BP)
유효 접합부	• $b_i = b_f - t_w$ • b_o는 전단키에 따라 다름: SC가 있는 경우 $b_o = 1/3(h + h_{SC}) + b_{SC} - b_f \leq b_{cc} - b_f$, EFBP가 있는 경우 $b_o = 2/3h \leq b_{cc} - b_f$, BP가 있는 경우 $b_o = 12t_{BP} \leq b_{cc} - b_f$ (b_{cc} =기둥 주철근으로 둘러싸인 접합부 심부의 폭 또는 최외곽 주철근 외측 표면간 거리)
강도	$\frac{\Sigma M_b}{d - t_f} - V_c \leq \phi V_{nj}$ 및 $V_{nj} = V_{n,sp} + V_{n,cs} + V_{n,cf}$ • $V_{n,sp} = k_{sp}(F_{y,sp}/\sqrt{3})t_{sp}h$ (연속접합부 k_{sp} =0.9, 단부접합부 k_{sp} =0.8) • $V_{n,cs} = k_i f_{ck}(-0.0048 f_{ck} + 1.13)h(b_f - t_w)$ • $V_{n,cf} = k_o f_{ck}(-0.0048 f_{ck} + 1.13)hb_o$ (아래 표 참조)
요구 상세	• [표준상세형] (TB가 없는 경우): FBP, 강재웨브를 관통하는 U형 후프철근으로 구성된 JH, 높이 $0.25d$ 이상의 SC 또는 EFBP, 강재보 상하 $0.25d$ 이내 폐쇄형 CT($A_{CT} \geq V_{n,cs}/f_{y,CT}$, 외측패널 콘크리트 스트럿을 횡구속할 충분한 휨강성을

목표 전단변형	강도 계수	접합부 상세			
		표준상세형		강재띠판형	
		연속	단부	연속	단부
0.5% (즉시거주: ϕ =0.7)	k_i	0.25	0.17	0.32	0.24
	k_o	0.14	0.10	0.17	0.12
1.2% (붕괴방지: ϕ =0.85)	k_i	0.32	0.21	0.40	0.29
	k_o	0.17	0.11	0.22	0.15

	확보하기 위해 강재보와 평행한 방향의 CT간 간격 $\leq 12\times$CT 직경) • [강재띠판형] (TB가 있는 경우): 표준상세형 + CT 대신 BP (스티프너를 통해 강재보 플랜지와 용접설치)
기타	• ASCE 1994는 접합부 전단변형(또는 층간변위) 1.0%에 해당하는 강도에 대한 설계식이며, 강도기반 설계식을 사용할 경우 과도한 접합부 손상 및 층간변위가 발생할 수 있고, 특히 ASCE 1994는 단부접합부에 대해 비안전측일 수 있으므로 변형기반 설계식 제안 • 일반적으로 전단파괴는 지압파괴를 유발하며(반대로 지압파괴가 항상 전단파괴를 유발하는 것은 아님) 이에 따라 덜 안정적인 지압파괴를 방지하고자, 정규화된 접합부 전단강도와 강재보의 강체회전의 관계를 제안(지압강도 자체는 ASCE 1994를 따름) • 접합부 전단력-전단변형 관계도 제안 • 표준상세형 및 강재띠판형 이외의 상세에 대해서는 강도계수를 위한 별도연구 필요

(4) AIJ 식(Nishiyama et al. 2004)

구분	지침
적용 범위	• 보 관통형, 기둥 관통형, 연속, 단부, 지붕층 접합부 • 60 m 이하이며 상대적으로 정형인 골조(전단벽을 사용한 경우에도 적용가능) • 콘크리트 21$\leq f_{ck} \leq$60 MPa(강재 및 철근은 일본산업규격에 등록된 제품) • 강진지역 적용가능 • 보강상세 매우 다양
유효 접합부	• 별도 산정식 필요 없음
강도	$V_{nj} = V_{n,sp} + V_{n,CP} + V_{n,JH} + V_{n,c}$ 및 $M_{nj} = V_{nj}d$ • $V_{n,sp} = C_1\left(F_{y,sp}/\sqrt{3}\right)A_{sp}$, $A_{sp} = t_{sp}h$ • $V_{n,CP} = 0.5\left(F_{y,CP}/\sqrt{3}\right)A_{CP}$, $A_{CP} = 2(b+h)t_{CP}$ *CP의 전단기여 직접 고려 • $V_{n,JH} = 0.25\rho_{JH}f_{y,JH}bh_{bl}$, h_{bl} =인장 및 압축측 철근간 최대거리 • $V_{n,c} = 0.04C_2C_3bhf_{ck}\delta_j$ *콘크리트의 전단기여 한꺼번에 계산

구분	계수
C_1 (상세별 계수)	• 0.8(FBP와 CP가 모두 없는 경우) • 0.9(FBP 또는 CP가 있는 경우)
C_2 (상세별 계수)	• 0.8(FBP와 CP가 모두 없는 경우) • 1.0(FBP 또는 CP가 있는 경우) • 1.1(EFBP 또는 SC가 있는 경우) • 1.1(강재보 깊이 내에 BP가 있는 경우) • 1.5(강재보 상하에 BP가 있는 경우) • 1.5(FBP와 VJR이 모두 있는 경우) • 1.5(횡스티프너가 있는 경우) • 1.6(다이아프램이 있는 경우) • 1.6(광폭FBP와 횡스티프너가 모두 있는 경우)
C_3 (상세별 계수)	• 0.9(직교보가 없는 경우) • 1.0(직교보가 있는 경우)
δ_j (형상별 계수)	• 3.0(연속접합부) • 2.0(단부접합부 또는 지붕층 연속접합부) • 1.0(지붕층 모서리접합부)

요구 상세	• 별도 언급 없음
기타	• 접합부 전단력-전단변형 관계 제안

(5) ASCE 2015 Draft(Cordova and Deierlein, 2005; Kathuria et al., 2015)

구분	지침
적용 범위	• 보 관통형, 연속 및 단부 접합부 (보가 기둥 주철근에 의해 정착되어야 하는 지붕층 및 모서리 접합부의 경우, 기둥 주철근이 단부강판(Cap Plate) 등을 통해 기둥상단에 잘 정착되었다면 적용가능) • 형상비 2/3 $\leq h/d \leq$ 3/2, 콘크리트 $f_{ck} \leq$ 100 MPa, 강재 $F_y \leq$ 410 MPa, 철근 $f_y \leq$ 345 MPa • 강진지역 적용 가능 • FBP, JH 또는 CP, CT 또는 BP(이상 필수), EFBP, SC, VJR 고려
유효 접합부	$b_j = b_i + b_o$ • $b_i = b_f$ • b_o는 전단키에 따라 다름(여러 보강상세에 대한 값 중 가장 큰 값 사용): $b_o = y + 2/3\alpha_x x - b_f \leq b - b_f$, $x = h$, $y = b_{EFBP}$ (EFBP), $x = h/2 + h_{SC}/2$, $y = b_{SC}$ (SC), $x = h$, $y = b_f$ (BP), 또는 $x = 0.7h$, $y = 0$ (EFBP, SC, BP가 없는 경우), $\alpha_x = 1.0$ (CT) 또는 $\alpha_x = 0.5$ (CT 없이 BP만 있는 경우)

강도	[설계식] $\frac{\sum M_b}{d_j} - V_c \le k\phi_s(V_{n,sp} + V_{n,cs} + V_{n,cf})$ • $k = 1.0$ (설계시 큰 접합부 변형을 고려하는 경우) 또는 $k = 0.85$ (설계시 접합부 변형을 제한하는 경우) [내측패널] $\phi_s(V_{n,sp} + V_{n,cs}) \le \frac{\phi_b(M_{n,vb} - V_b h)}{d_j}$ (지압파괴 방지) • $V_{n,sp} = 0.6F_{y,sp} t_{sp} \alpha_{sp} h$, α_{sp} =0.9 (연속접합부) 또는 α_{sp} =0.8 (단부접합부) • $V_{n,cs} = 1.7\alpha_c \sqrt{f_{ck}} b_i h \le 0.5 f_{ck} b_f d_j$ (압축스트럿 끝단에서의 지압파괴를 방지하기 위해 최댓값 제한), α_c =1.0 (연속접합부) 또는 α_c =0.6 (단부접합부) • $M_{n,vb} = C_{n,cb} h(1 - \beta_1/2) + h_{VJR}(T_{n,VJR} + C_{n,VJR})$, $C_{n,cb} = \alpha_{cb} f_{ck} b_i(\beta_1 h/2)$, $T_{n,VJR} + C_{n,VJR} \le C_{n,cb}/2$, β_1 =0.85 ($f_{ck} \le$27.6 MPa), β_1 =0.65 ($f_{ck} \ge$55.2 MPa), 또는 사이 직선보간, α_{cb} =2.0 (CT) 또는 α_{cb} =2.5 (BP) [외측패널] $V_{n,cf} = 1.25\alpha_c \sqrt{f_{ck}} b_o h$ • 내측패널 $V_{n,cs}$ 산정시 계수에 비해(1.7: 강재보 플랜지와 FBP에 의해 더 큰 횡구속을 받음) 외측패널 $V_{n,cf}$ 산정시 계수가(1.25) 더 작으며, 기둥이 $0.1 f_{ck} A_g$ 이상의 순인장력을 받는 경우 $V_{n,cf} = 0$ • 기둥 주철근의 슬립에 의한 부착파괴를 방지하기 위해, 접합부를 관통하는 기둥 주철근의 지름 $d_{bl} \le d_j(420)/(20 f_{y,bl}) \le d_j/20$
요구상세	• FBP: $t_{FBP} \ge \max\left\{\frac{\sqrt{3}\,V_{n,cs}}{2b_f F_{u,FBP}}\ ;\ 0.2\sqrt{\frac{V_{n,cs} b_f}{F_{y,FBP}\, d_w}}\ ;\ \frac{b_f}{22}\right\}$ • JH: $\rho_{JH} \ge 0.01$ (bhd_j 이내), $s_{JH} < \min\{0.25d_j; 0.25h\}$ – TB가 있고 JH의 단부가 FBP 뒤쪽의 횡구속영역에 충분히 정착된 경우에는 강재보 웨브를 관통하지 않는 독립후프근(Isolated Hoops) 사용가능 • CT(강재보 상하 $0.4d_j$ 이내): 최소 3열 이상이고 각 열에는 직경 10 mm 철근 4개($b \le$500 mm), 직경 12 mm 철근 4개(500< $b \le$750 mm), 또는 직경 16 mm 철근 4개(b >750 mm)와 등가 이상의 철근을 배치하여야 하며, $A_{CT} \ge V_{n,cf}/f_{y,CT}$

	• 강재보 플랜지: $t_f \ge 0.3\sqrt{\dfrac{b_f t_{sp} d F_{y,sp}}{h F_{yf}}}$ • EFBP: $t_{EFBP} \ge \max\left\{0.12\sqrt{\dfrac{V_{n,cf} b_{EFBP}}{0.25 d_j F_{y,EFBP}}}\ ;\ \dfrac{\sqrt{3}\, V_{n,cf}}{2 b_{EFBP} F_{u,EFBP}}\right\}$ 　– 전단에 대한 고려가 추가되었고, 암시적으로 $d_{EFBP} \ge 0.25 d_j$ • SC: $t_{f,SC} \ge \max\left\{0.12\sqrt{\dfrac{V_{n,cf} b_{SC}}{0.25 d_j F_{yf,SC}}}\ ;\ \dfrac{\sqrt{3}\, V_{n,cf}}{2 b_{SC} F_{uf,SC}}\right\}$ 　– 전단에 대한 고려가 추가되었고, 암시적으로 $d_{SC} \ge 0.25 d_j$ • CP: $\rho_{CP} \ge 0.01$ (bhd_j 이내) • BP: $d_{BP} \ge 0.25 d_j$, 강재보 플랜지에 직접 부착하고 강재스티프너로 보강, $\rho_{BP} \ge 0.03$ (bhd_j 이내), $t_{BP} \ge 13$ mm, $A_{BP} \ge V_{n,cf}/F_{y,BP}$, $t_{BP} \ge \max\left\{0.12\sqrt{\dfrac{V_{n,cf} b_{BP}}{0.25 d_j F_{y,BP}}}\ ;\ \dfrac{\sqrt{3}\, V_{n,cf}}{2 b_{BP} F_{u,BP}}\right\}$
기타	• 2005년 Cordova and Deierlein이 ASCE 1994를 확장 및 개선할 목적으로 처음 제안하였으며, 이를 바탕으로 2015년 Deierlein, Parra-Montesinos, Cordova, Bracci, Kanno의 이름으로 ASCE 2015 Draft를 제언 • 압축력 효과는 보수적으로 무시, 이방향 접합부는 각 방향별로 분리하여 설계, 전단에 대한 강도감소계수 $\phi_s = 0.85$ 및 지압에 대한 강도감소계수 $\phi_b = 0.75$(전단에 대한 파괴가 더 연성적이고 에너지소산능력도 크기 때문에 조기 지압파괴를 방지하기 위함) • 이 지침에 따라 설계할 경우, 0.5 V_{nj}에 대응하는 하중에서 전단변형 0.006 rad, $V_{n,j}$에서 0.02 rad이 발생할 것으로 기대

참고문헌

1) AISC (2016), Specification for Structural Steel Buildings (ANSI/AISC 360-16), American Institute of Steel Construction, Chicago, Illinois.

2) Alizadeh S, Attari NKA, and Kazemi MT (2015), "Experimental investigation of RCS connections performance using self-consolidated concrete," Journal of Constructional Steel Research, 114, 204-216. https://doi.org/10.1016/j.jcsr.2015.07.026

3) ASCE Task Committee on Design Criteria for Composite Structures in Steel and Concrete (1994), "Guidelines for design of joints between steel beams and reinforced concrete columns," Journal of Structural Engineering, ASCE, 120(8), 2330-2357. https://doi.org/10.1061/(ASCE)0733-9445(1994)120:8(2330)

4) ASCE (2017), Seismic Evaluation and Retrofit of Existing Buildings (ASCE/SEI 41-17), American Society of Civil Engineers, Reston, Virginia.

5) CEN (European Committee for Standardization) (2005), Eurocode 3: Design of steel structures - Part 1-8: Design of joints (EN 1993-1-8), Brussels, Belgium.

6) Cheng CT and Chen CC (2005), "Seismic behavior of steel beam and reinforced concrete column connections," Journal of Constructional Steel Research, 61(5), 587-606. https://doi.org/10.1016/j.jcsr.2004.09.003

7) Cordova PP and Deierlein GG (2005), Validation of the Seismic Performance of Composite RCS Frames: Full-Scale Testing, Analytical Modeling, and Seismic Design. John A. Blume Earthquake Engineering Center Technical Report 155. Stanford Digital Repository. http://purl.stanford.edu/zd207gv1593

8) Deierlein GG, Yura JA, and Jirsa JO (1988), Design of Moment Connections for Composite Framed Structures, PMFSEL Report No. 88-1, The University of Texas at Austin, Austin, Tex. https://www.aisc.org/globalassets/aisc/research-library/design-of-moment-connections-for-composite-framed-structures.pdf

9) Deierlein G and Noguchi H (2004), "Overview of US-Japan research on the seismic design of composite reinforced concrete and steel moment frame structures," Journal of Structural

Engineering, ASCE, 130(2), 361-367. https://doi.org/10.1061/(ASCE)0733-9445(2004)130:2(361)

10) Dung Le D, Nguyen XH, and Nguyen QH (2020), "Cyclic testing of a composite joint between a reinforced concrete column and a steel beam," Applied Sciences. 10(7), 2385. https://doi.org/10.3390/app10072385

11) El-Tawil S, Kanno R, and Deierlein GG (1997), "Inelastic models for composite moment connections in RCS frames," Proc., Composite Construction in Steel and Concrete III, C. D. Buckner and B. Shahrooz, eds., ASCE, New York, 197-210. https://www.researchgate.net/publication/329877295_Inelastic_models_for_composite_moment_connections_in_RCS_frames

12) Fargier-Gabaldón LB, Parra-Montesinos GJ, and Wight JK (2020), "Seismic behavior of exterior reinforced concrete wide-column-to-steel beam joints," ACI Structural Journal, 117(2), 117-128. https://doi.org/10.14359/51720201

13) Kanno R (1993), Strength, Deformation, and Seismic Resistance of Joints between Steel Beams and Reinforced Concrete Columns, Ph.D. Dissertation, Cornell University, Ithaca, NY. https://www.researchgate.net/publication/281572649_Strength_deformation_seismic_resistance_of_joints_between_steel_beams_and_reinforced_concrete_columns

14) Kanno R and Deierlein GG (2002), "Design model of joints for RCS frames," Composite Construction in Steel and Concrete IV, ASCE, 947-958. https://doi.org/10.1061/40616(281)82

15) Kathuria D, Yoshikawa H, Nishimoto S, Kawamoto S, and Deierlein G (2015), Design of Composite RCS Special Moment Frames, John A. Blume Earthquake Engineering Technical Report 189. Stanford Digital Repository. http://purl.stanford.edu/mg641vv9076

16) Kim KD and Engelhardt MD (2002), "Monotonic and cyclic loading models for panel zones in steel moment frames," Journal of Constructional Steel Research, 58, 605-635. https://doi.org/10.1016/S0143-974X(01)00079-7

17) Lee HJ, Park HG, Hwang HJ, and Kim CS (2019), "Cyclic lateral load test for RC column-steel beam joints with simplified connection details," Journal of Structural Engineering, 145(8), 04019075-1-11. https://doi.org/10.1061/(ASCE)ST.1943-541X.0002369

18) Li W, Li Q, Jiang W, and Jiang L (2011), "Seismic performance of composite reinforced concrete

and steel moment frame structures – state-of-the-art," Composites Part B: Engineering, 42(2), 190-206. https://doi.org/10.1016/j.compositesb.2010.10.008

19) Liang X and Parra-Montesinos G (2004), "Seismic behavior of reinforced concrete column-steel beam subassemblies and frame systems," Journal of Structural Engineering, 130(2), 310-319. https://doi.org/10.1061/(ASCE)0733-9445(2004)130:2(310)

20) Nishiyama I, Kuramoto H, and Noguchi H (2004), "Guidelines: Seismic design of composite reinforced concrete and steel buildings," Journal of Structural Engineering, ASCE, 130(2), 336-342. https://doi.org/10.1061/(ASCE)0733-9445(2004)130:2(336)

21) Park R (1989), "Evaluation of ductility of structures and structural assemblages from laboratory testing," Bulletin of the New Zealand National Society for Earthquake Engineering, 22(3), 155-166. https://doi.org/10.5459/bnzsee.22.3.155-166

22) Paulay T and Priestley MJN (1992), Seismic Design of Reinforced Concrete and Masonry Buildings, John Wiley & Sons, Inc., NY.

23) Parra-Montesinos GJ (2000), Seismic Behavior, Strength and Retrofit of Exterior RC Column-to-Steel Beam Connections, Ph.D. Dissertation, The University of Michigan, Ann Arbor, Mich. http://www.riss.kr/link?id=T10550008

24) Parra-Montesinos GJ and Wight JK (2000), "Seismic response of exterior RC column-to-steel beam connections," Journal of Structural Engineering, ASCE, 126(10), 1113-1121. https://doi.org/10.1061/(ASCE)0733-9445(2000)126:10(1113)

25) Parra-Montesinos GJ and Wight JK (2001), "Modeling shear behavior of hybrid RCS beam-column connections," Journal of Structural Engineering, ASCE, 127(1), 3-11. https://doi.org/10.1061/(ASCE)0733-9445(2001)127:1(3)

26) Parra-Montesinos GJ, Liang X, and Wight JK (2003), "Towards deformation-based capacity design of RCS beam-column connections," Engineering Structures, 25(5), 681-690. https://doi.org/10.1016/S0141-0296(02)00177-3

27) Sheikh TM, Yura JA, and Jirsa JO (1987), Moment Connections between Steel Beams and Concrete Columns, PMFSEL Report No. 87-4, The University of Texas at Austin, Austin, Tex. https://www.ais

c.org/globalassets/aisc/research-library/moment-connections-between-steel-beams-and-concrete-columns.pdf

28) 국토교통부, 국토안전관리원 (2021), 기존 시설물(건축물) 내진성능 평가요령, 국토교통부, 국토안전관리원. https://www.kalis.or.kr/www/brd/m_435/view.do?seq=95&srchFr=&srchTo=&srchWord=&srchTp=&itm_seq_1=0&itm_seq_2=0&multi_itm_seq=0&company_cd=&company_nm=

29) 대한건축학회 (2021), 철근콘크리트 건축구조물의 성능기반 내진설계를 위한 지침 ((구) 공동주택 성능기반 내진설계 지침).

30) 대한건축학회, 한국콘크리트학회, (2021) 철근콘크리트 건축구조물의 성능기반 내진설계를 위한 비선형해석모델.

31) 삼성물산㈜ (2000), 고리후프형 및 커버플레이트형을 이용한 보 · 기둥 접합공법 (LC Frame공법), 건설교통부 신기술지정 제235호. https://www.kaia.re.kr/portal/newtec/nView.do?menuNo=200076&cate1=&cate2=&cate3=&tecCat1=&tecCat2=&tecCat3=&frApntYear=&dvlprNm=&searchWrd=&frApntNo=235&toApntNo=&newtecNm=&newtecCts=&newtecScope=&consNm=&frConstFrom=&toConstFrom=&ctrtType=&orgNm=&addr1=&frEstPoint=&toEstPoint=&sortType=&pageUnit=10&smartyn=&dateStatus=&pageIndex=1&apntNo=235&frMenu=list&newtecId=19967

32) 삼성물산㈜, 서울대학교 (2015), 보통모멘트골조용 RCS 접합부에 대한 실험연구 (LC-Frame), 실험보고서.

33) 이은진 (2005), 철근콘크리트 기둥과 강재보로 이루어진 복합구조 접합부의 전단거동에 관한 연구, 박사학위논문, 한양대학교. http://www.riss.kr/link?id=T10701560&outLink=K

콘크리트 실무매뉴얼
RC기둥-강재보 합성접합부의 해석 및 설계

2023년 5월 15일 1판 1쇄 발행
2023년 6월 30일 1판 2쇄 발행

관리주체 사단법인 한국콘크리트학회
서울특별시 강남구 테헤란로7길 22
한국과학기술회관 신관 1009호
TEL. 02)568-5984~7
FAX. 02)568-1918

출판보급처 기 문 당
서울시 성동구 무학봉28길 4-1
TEL. 02)2295-6171(代)~5
FAX. 02)6971-8188

출판등록 1976. 10. 7 (1-44)

홈페이지 http : // www.kimoondang.com

I S B N 978-89-6225-985-8 93530

정 가 22,000원